中华经典藏书

菜根谭

〔明〕洪应明 / 著　蔡世忠 / 译注

吉林美术出版社 | 全国百佳图书出版单位

图书在版编目（CIP）数据

菜根谭/（明）洪应明著；蔡世忠译注. -- 长春：吉林美术出版社，2015.3
（中华经典藏书）
ISBN 978-7-5386-9305-8

Ⅰ.①菜… Ⅱ.①洪…②蔡… Ⅲ.①个人—修养—中国—明代②《菜根谭》—译文③《菜根谭》—注释 Ⅳ.①B825

中国版本图书馆CIP数据核字（2015）第012586号

菜根谭

出 版 人	赵国强
选题策划	张立辉
责任编辑	林 鸣
装帧设计	游 麒
内文排版	赵明华
出 版	吉林美术出版社
发 行	吉林美术出版社
地 址	长春市人民大街4646号
邮 编	130021
网 址	www.jlmspress.com
印 刷	大厂回族自治县德诚印务有限公司
版 次	2015年3月第1版
印 次	2019年8月第3次印刷
开 本	710mm×1000mm 1/16
印 张	18
印 数	26 001-31 000册
书 号	ISBN 978-7-5386-9305-8
定 价	38.00元

前言 / PREFACE

一位宋儒曾说:"咬得菜根,则百事可做。"这句话,既象征了粗茶淡饭、清贫淡泊的生活,也体现了一种清而弥远、淡中有味的人生智慧。"咬得菜根",寓意人的才能和修养,唯有经过磨炼才能获得。只有坚守理想、甘于淡泊,历经艰难困苦,才能成就一番事业。以此命名的《菜根谭》,就是这样一部论述人生修养及处世哲学的传世奇书。

本书是明代洪应明著述的语录体小品文集,其文辞优美,对仗工整,含义深邃,耐人寻味。书中熔儒家中庸思想、道家无为思想和释家出世思想于一炉,对于正心修身,养性育德,既有片语点破当头棒喝之力,也有润物无声潜移默化之功。其堪称万古不易的教人传世之道,稀世奇珍宝训。

1.内容概说

作为一部有益于人们陶冶情操、磨炼意志、奋发向上的通俗读物,《菜根谭》不是一部系统的、逻辑严密的学术著作,而是一部论述修身、处事、待人、接物的格言集。它是三百多年前一位学识广博、深谙世事的老人,对自己一生为人处世、宦海沉浮的体悟和总结。书中每则格言从数十字到近百字不等,共有360则。

这些格言警句文字简练隽永,兼采雅俗,对仗工整,短小精粹,促人觉醒,耐人寻味。书中最可贵的是劝导人们乐观向上,奋发有为,鼓励人们自强不息,建功立业。比如,"天地有万古,此身不再得;人生只百年,此日最易过。幸生其间者,不可不知有生之乐,亦不可不怀虚生之忧。"同时,还激励人们坚持道德节操和原则立场,不要随波逐流。

本书旧序曾说:"以菜根名,固自清苦历练中来,亦自栽培灌溉里得,其间风波,备尝险阴可想矣。"对于世事风雨,作者是"自警自力"的,他说:"天劳我以形,吾逸吾心以补天;天厄我以遇,吾高吾道以通之。"古语云:"性定菜根香。"菜根本是弃物,而菜根之香,非性定者不能体会。可见菜根中自有真味。

在体裁上,人们称赞本书"似语录,而有语录所没有的趣味;似随笔,而有随笔所不易及的整饬;似训诫,而有训诫所缺乏的亲切醒豁；且有雨余山色，夜静钟声，点染其间，其所言清霏有味，风月无边"。不论酸甜苦辣，人生的本味只是清淡，这种清淡别有一番滋味。

2.作者及成书时代

作者洪应明，字自诚，号还初道人，生平不详；明代思想家、学者。根据他的另一部作品《仙佛奇踪》，得知他早年也曾热衷功名，晚年则归隐山林，洗心礼佛。明朝万历三十年（1602）前后曾住在秦淮河一带，潜心著述。与袁黄、冯梦桢等人有所交往。

《菜根谭》成书和刊行的时间可能在明万历年间。这时，神宗皇帝治国无道，宦官专权，朝纲废弛，党祸横流。自嘉靖朝开始，整个大明王朝不断显露的内忧外患，至此更加深重。在这一时期，有识之士的思想异常沉闷，无法从激烈的社会矛盾中解脱出来，于是形诸笔墨，表达时代的心声。《菜根谭》就是这时产生的作品，它以格言警句的形式指出人性的善恶，教导人们从世俗生活中超脱出来，并以其孤高的道德说教流传于僧舍道观、文人墨客之间，时隐时现。

3. 后世影响

　　《菜根谭》自问世以来，在中华文化圈内广泛流传并远播海外。早在日本明治维新时期，就有好几种版本的《菜根谭》流传到了日本；到了现代，依然被日本社会各界奉为修身教材，备受珍视，受到广泛的热爱。风靡全球的《环球》杂志介绍日本社会的"《菜根谭》热"时，说："有关企业管理的书籍成千上万，而从根本上说，多数抵不过一部《菜根谭》。"

　　事实上，洪氏《菜根谭》深得儒释道思想之三昧，语言精练优美，寓意深刻隽永，读之令人心旷神怡。本书的编辑整理，除将个别生僻字词按通行用法改正，基本保留了《菜根谭》全书原貌，并加以注释、翻译、点评，结合现代生活的特点，力图发掘书中所蕴含的文化智慧，使其在当今社会焕发光彩。

目录 / CONTENTS

上卷

一、栖守道德，毋依权贵 …………………… 001

二、抱朴守拙，涉世之道 …………………… 002

三、心事宜明，才华须韫 …………………… 003

四、污泥不染，机巧不用 …………………… 004

五、良药苦口，忠言逆耳 …………………… 005

六、霁日风光，草木欣欣 …………………… 005

七、真味是淡，至人如常 …………………… 006

八、闲时吃紧，忙时悠闲 …………………… 007

九、静中观心，真妄毕现 …………………… 008

十、得意早回头，拂心莫停手 …………………… 009

十一、淡泊明志，肥甘丧节 …………………… 009

十二、眼界宽广，恩泽流长 …………………… 011

十三、路留一步，味减三分 …………………… 011

十四、脱俗成名，减欲入圣 …………………… 012

十五、侠心交友，素心做人 …………………… 013

十六、利毋居前，德毋落后 …………………………… 014
十七、退即是进，与即是得 …………………………… 015
十八、矜则无功，悔可减过 …………………………… 015
十九、美名不独享，责任不推脱 ……………………… 017
二十、造物不忌，鬼神不损 …………………………… 017
二十一、诚心和气，胜于观心 ………………………… 018
二十二、云止水中，动寂适宜 ………………………… 019
二十三、责恶勿太严，教善勿太高 …………………… 021
二十四、净从秽来，明从暗生 ………………………… 021
二十五、降伪扶正，却妄存真 ………………………… 022
二十六、以悔破痴，性定动正 ………………………… 023
二十七、志在林泉，胸怀廊庙 ………………………… 024
二十八、无过是功，无怨是德 ………………………… 025
二十九、忧勤勿过，待人勿枯 ………………………… 026
三十、原其初心，观其末路 …………………………… 027
三十一、富宜宽厚，智宜敛藏 ………………………… 028
三十二、居卑处晦，守静少言 ………………………… 028
三十三、放弃执着，方可入圣 ………………………… 029
三十四、偏见害心，聪明障道 ………………………… 030
三十五、困须知退，顺亦知让 ………………………… 031
三十六、不恶小人，有礼君子 ………………………… 032
三十七、正气清白，留于乾坤 ………………………… 032
三十八、降魔先伏心，驭横先平气 …………………… 033
三十九、出入要严，交友要慎 ………………………… 034
四十、欲勿轻染，学勿稍退 …………………………… 035
四十一、不流于浓艳，不陷于枯寂 …………………… 036
四十二、超越天地，不入名利 ………………………… 037

四十三、高一步立身，退一步处世 ············ 038

四十四、收拾精神，并归一路 ············ 039

四十五、俗念塞心，隔绝凡圣 ············ 040

四十六、有木石心，具云水趣 ············ 041

四十七、善者和气，凶者杀气 ············ 042

四十八、君子无祸，勿罪冥冥 ············ 043

四十九、少事为福，多心惹祸 ············ 044

五十、方圆应时，宽严得宜 ············ 044

五十一、感恩忘怨，和谐处世 ············ 045

五十二、施之不求，求之无功 ············ 046

五十三、推己及人，方便法门 ············ 047

五十四、读书学古，心地要纯 ············ 048

五十五、俭则有余，劳应有成 ············ 048

五十六、学以致用，立业种德 ············ 049

五十七、真文妙曲，直取本性 ············ 050

五十八、苦中寻乐，得意生悲 ············ 051

五十九、富贵名誉，来自道德 ············ 052

六十、春至时和，人行好事 ············ 052

六十一、兢兢业业，潇潇洒洒 ············ 053

六十二、立名者贪，用术者拙 ············ 054

六十三、宁缺毋滥，宁缺勿全 ············ 055

六十四、名缰利锁，总堕世情 ············ 056

六十五、心地光明，从不暗昧 ············ 056

六十六、无名无位，欢乐最真 ············ 057

六十七、恶中有善路，善处即恶根 ············ 058

六十八、天机难测，居安思危 ············ 058

六十九、性情急躁，难建功业 ············ 059

七十、招福之本，远祸之方 …………………………… 060
七十一、宁默毋躁，宁拙毋巧 ………………………… 061
七十二、性气清冷，受享亦凉 ………………………… 062
七十三、胸怀正义，道路宽广 ………………………… 062
七十四、敢于怀疑，大胆批判 ………………………… 063
七十五、虚心明理，实心却欲 ………………………… 064
七十六、宽宏大量，胸能容物 ………………………… 065
七十七、忧劳兴国，逸豫亡身 ………………………… 066
七十八、一念贪私，万劫不复 ………………………… 066
七十九、不昧真心，抵制诱惑 ………………………… 067
八十、稳守成业，以谋将来 …………………………… 068
八十一、谨小慎微，过犹不及 ………………………… 068
八十二、诸法皆空，唯有真我 ………………………… 069
八十三、君子之德，在于中庸 ………………………… 070
八十四、穷当益工，勿失风雅 ………………………… 070
八十五、未雨绸缪，有备无患 ………………………… 071
八十六、念头起时，切莫放过 ………………………… 072
八十七、宁静淡泊，观心证道 ………………………… 073
八十八、静从动来，苦中有乐 ………………………… 074
八十九、舍己勿处疑，施恩勿望报 …………………… 075
九十、厚德积福，逸心补劳 …………………………… 075
九十一、天机最神，智巧何益 ………………………… 076
九十二、人生晚景，最为重要 ………………………… 077
九十三、积德行善，不恋权贵 ………………………… 077
九十四、祖宗德泽，吾身所享 ………………………… 078
九十五、君子诈善，无异小人 ………………………… 079
九十六、春风解冻，和气消冰 ………………………… 079

九十七、看得圆满，放得宽平 …………………… 080
九十八、淡泊处世，不露锋芒 …………………… 081
九十九、逆境砥砺，顺境消磨 …………………… 082
一〇〇、恣肆弄权，自取灭亡 …………………… 082
一〇一、精诚所至，金石为开 …………………… 083
一〇二、文章极处，只是恰好 …………………… 084
一〇三、世相本体，天下重任 …………………… 085
一〇四、凡事留余地，五分便无悔 ……………… 085
一〇五、宽以待人，趋利避害 …………………… 086
一〇六、身不可轻，心不可重 …………………… 087
一〇七、人生无常，怎可虚度 …………………… 087
一〇八、德怨两忘，恩仇俱泯 …………………… 088
一〇九、持盈履满，君子兢兢 …………………… 089
一一〇、却私扶公，修身养德 …………………… 089
一一一、勿犯公论，勿谄权门 …………………… 090
一一二、直躬不畏忌，无恶不惧毁 ……………… 091
一一三、从容处变，劝谏得失 …………………… 092
一一四、大小得当，真正英雄 …………………… 092
一一五、爱重反为仇，薄极反成喜 ……………… 093
一一六、藏巧于拙，寓清于浊 …………………… 094
一一七、盛极必反，剥极必复 …………………… 095
一一八、奇异无远识，独行无恒操 ……………… 095
一一九、怒火沸腾，猛然转念 …………………… 096
一二〇、毋偏信自任，毋自满嫉人 ……………… 096
一二一、己所不欲，勿施于人 …………………… 097
一二二、阴险者不交，傲慢者勿言 ……………… 098
一二三、念头昏沉，要知警醒 …………………… 099

一二四、君子之心，毫无滞涩 …… 100
一二五、战胜私欲，执行有力 …… 100
一二六、大肚能容，宽以待人 …… 101
一二七、穷苦困乏，磨炼身心 …… 102
一二八、天地人心，自在一体 …… 102
一二九、宁受人欺，勿逆人诈 …… 103
一三〇、明辨是非，能识大体 …… 104
一三一、亲善须知机，除恶应保密 …… 104
一三二、光明磊落，满腹经纶 …… 105
一三三、父慈子孝，兄友弟恭 …… 106
一三四、低调处世，不自夸耀 …… 107
一三五、富贵多炎凉，骨肉多妒忌 …… 107
一三六、功过不容少混，恩仇不可太明 …… 108
一三七、位盛危至，德高谤兴 …… 109
一三八、隐恶祸深，隐善功大 …… 109
一三九、以才辅德，德才兼备 …… 110
一四〇、穷寇勿追，投鼠忌器 …… 110
一四一、可以同过，不可同功 …… 111
一四二、以言助人，功德无量 …… 112
一四三、趋炎附势，人之常情 …… 113
一四四、冷眼旁观，不动刚肠 …… 113
一四五、德随量进，量由识长 …… 114
一四六、人心惟危，道心惟微 …… 115
一四七、诸恶莫为，诸善奉行 …… 116
一四八、精神万古，气节千载 …… 116
一四九、自然造化，智巧不及 …… 117
一五〇、诚恳做人，圆融处世 …… 118

一五一、去混取清，去苦存乐 …………… 118
一五二、念动鬼神，行克天地 …………… 119
一五三、不急不躁，宽之自明 …………… 120
一五四、不能养德，终归末技 …………… 121
一五五、不与人争，甘居人后 …………… 121
一五六、谨于至微，施于不报 …………… 122
一五七、山林野趣，读今述古 …………… 122
一五八、修身种德，事业之基 …………… 123
一五九、子孙昌盛，根固叶荣 …………… 124
一六〇、认清自我，勿夸所有 …………… 124
一六一、道德学问，人皆可修 …………… 126
一六二、信人独诚，疑人先诈 …………… 126
一六三、春风化雨，朔雪阴凝 …………… 127
一六四、为善日进，为恶日损 …………… 128
一六五、愈隐愈显，愈淡愈浓 …………… 128
一六六、君子立德，小人图利 …………… 129
一六七、不退之轮，常明之灯 …………… 130
一六八、宽以待人，严于律己 …………… 130
一六九、不尚怪异，不行偏激 …………… 131
一七〇、恩宜后浓，威宜先严 …………… 132
一七一、息心见性，意净心清 …………… 132
一七二、淡泊处世，物我两忘 …………… 134
一七三、一点慈悲，万种生机 …………… 134
一七四、一念之间，心体万变 …………… 135
一七五、有事惺惺，以主寂寂 …………… 136
一七六、动之以情，晓之利害 …………… 137
一七七、操守严明，刚正不阿 …………… 137

一七八、不近恶事，不立善名 ………………………… 138
一七九、诚心和气，陶冶性情 ………………………… 139
一八〇、一念慈祥，寸心洁白 ………………………… 140
一八一、中庸之道，和平之基 ………………………… 140
一八二、忍得艰苦，便得自在 ………………………… 141
一八三、心体莹然，本来不失 ………………………… 142
一八四、忙里偷闲，闹中取静 ………………………… 142
一八五、天地立心，生民立命 ………………………… 143
一八六、唯恕情平，唯俭用足 ………………………… 144
一八七、富贵知贫，居安思危 ………………………… 144
一八八、气量宽宏，兼容并包 ………………………… 145
一八九、小人有对头，君子无私惠 …………………… 146
一九〇、疾病易医，事理难明 ………………………… 146
一九一、百炼之金，千钧之弩 ………………………… 147
一九二、口蜜腹剑，认识清楚 ………………………… 148
一九三、好利害浅，好名害深 ………………………… 148
一九四、滴水之恩，涌泉相报 ………………………… 149
一九五、谗言蔽日，蜜语侵肤 ………………………… 150
一九六、戒高绝之行，忌偏急之衷 …………………… 150
一九七、虚圆建功，执拗败事 ………………………… 151
一九八、处世之道，不即不离 ………………………… 152
一九九、烈士暮年，老当益壮 ………………………… 152
二〇〇、聪明不露，才华不逞 ………………………… 153
二〇一、过俭者鄙，过谦者伪 ………………………… 154
二〇二、喜忧安危，勿介于心 ………………………… 154
二〇三、声色名利，不可过贪 ………………………… 155
二〇四、乐极生悲，苦尽甘来 ………………………… 156

二〇五、过满则溢，过刚则折 …………………… 156

二〇六、冷眼观人，冷耳听语 …………………… 157

二〇七、心地宽舒，福泽绵长 …………………… 157

二〇八、闻恶防谗，闻善防奸 …………………… 158

二〇九、躁急无益，平和是福 …………………… 159

二一〇、用人不刻，交友不滥 …………………… 159

二一一、立场坚定，着眼高处 …………………… 160

二一二、和衷共济，谦德承功 …………………… 161

二一三、居官有节，居乡有情 …………………… 162

二一四、敬畏之心，不可不有 …………………… 162

二一五、逆水行舟，不进则退 …………………… 163

二一六、不可轻诺，不可生嗔 …………………… 164

二一七、读书之乐，手舞足蹈 …………………… 164

二一八、勿以长欺短，勿以富凌贫 ……………… 165

二一九、中才之人，难与下手 …………………… 166

二二〇、守口要密，防意要严 …………………… 166

二二一、责人宜宽，责己宜严 …………………… 167

二二二、幼时定基，少时勤学 …………………… 167

二二三、君子忧乐，亦怜孤独 …………………… 168

二二四、松柏苍翠，大器晚成 …………………… 169

二二五、静中见真境，淡中现本然 ……………… 169

下卷

一、乐者不言，言者不乐 ………………………… 171

二、省事为适，无能全真 ………………………… 171

三、乾坤幻境，天地真吾 ………………………… 172

四、天地之闲，因人而异 …………………………… 173
五、盆池竹屋，意境高远 …………………………… 173
六、梦中之梦，身外之身 …………………………… 174
七、天地万物，皆是实相 …………………………… 175
八、读无字书，弹无弦琴 …………………………… 176
九、心无物欲，坐有琴书 …………………………… 176
十、盛宴散后，兴味索然 …………………………… 177
十一、得个中趣，破眼前机 ………………………… 178
十二、非上上智，无了了心 ………………………… 178
十三、人生苦短，宇宙无限 ………………………… 179
十四、极端空寂，过犹不及 ………………………… 180
十五、迷途未远，今是昨非 ………………………… 181
十六、从冷视热，从冗入闲 ………………………… 182
十七、轻视富贵，不溺酒中 ………………………… 182
十八、恬淡适己，身心自在 ………………………… 183
十九、心闲日长，意广天宽 ………………………… 183
二十、栽花种竹，去欲忘忧 ………………………… 184
二十一、知足则仙，善用则生 ……………………… 185
二十二、安守本分，远祸之道 ……………………… 185
二十三、松涧望闲云，竹夜见风月 ………………… 186
二十四、欲时思病，利来思死 ……………………… 187
二十五、退后一步，清淡一分 ……………………… 188
二十六、忙不乱性，死不动心 ……………………… 188
二十七、隐无荣辱，道无炎凉 ……………………… 189
二十八、心静自然凉，乐观无穷愁 ………………… 189
二十九、进时思退，得手思放 ……………………… 190
三十、贪者常贫，知足常富 ………………………… 191

三十一、隐者多趣，省事心闲 …………………… 191
三十二、自得之士，逍遥自适 …………………… 192
三十三、孤云出岫，朗镜悬空 …………………… 193
三十四、浓处味短，淡中趣真 …………………… 194
三十五、高寓于平，难出于易 …………………… 194
三十六、喧中见寂，有入于无 …………………… 195
三十七、心有系恋，乐境苦海 …………………… 196
三十八、静躁稍分，昏明顿异 …………………… 197
三十九、卧雪眠云，绝俗超尘 …………………… 197
四十、浓不胜淡，俗不如雅 ……………………… 198
四十一、出世涉世，了心尽心 …………………… 199
四十二、身在闲处，心在静中 …………………… 199
四十三、云中世界，静里乾坤 …………………… 200
四十四、不忧利禄，不畏仕祸 …………………… 201
四十五、山林之间，尘心渐息 …………………… 202
四十六、秋日清爽，神骨俱清 …………………… 202
四十七、诗有真趣，禅有玄机 …………………… 203
四十八、好用心机，杯弓蛇影 …………………… 204
四十九、身心自如，融通自在 …………………… 204
五十、自鸣天机，自畅生意 ……………………… 205
五十一、花开花落，生老病死 …………………… 206
五十二、无欲则寂，虚心则凉 …………………… 207
五十三、贫则无虑，贱则常安 …………………… 207
五十四、晓窗读易，午案谈经 …………………… 208
五十五、花失生机，鸟减天趣 …………………… 208
五十六、种种烦恼，因我而起 …………………… 209
五十七、少时思老，荣时思枯 …………………… 210

五十八、人情世态，倏忽万端 …………………………… 210

五十九、闹中取静，冷处热心 …………………………… 211

六十、寻常人家，最为安乐 ……………………………… 212

六十一、乾坤自在，物我两忘 …………………………… 212

六十二、生死成败，任其自然 …………………………… 213

六十三、流水落花，意境悠闲 …………………………… 213

六十四、自然鸣佩，乾坤文章 …………………………… 214

六十五、猛兽易伏，人心难降 …………………………… 215

六十六、心无风涛，性有化育 …………………………… 216

六十七、高低贵贱，自适其性 …………………………… 216

六十八、鱼得水游，鸟乘风飞 …………………………… 217

六十九、盛衰无常，强弱安在 …………………………… 218

七十、宠辱不惊，去留无意 ……………………………… 218

七十一、高天可翔，万物可饮 …………………………… 219

七十二、无事道人，不了禅师 …………………………… 220

七十三、冷情当事，如汤消雪 …………………………… 220

七十四、物欲可哀，性真可乐 …………………………… 221

七十五、胸无物欲，眼自空明 …………………………… 222

七十六、寂寞原野，诗兴时来 …………………………… 222

七十七、伏久飞高，开先谢早 …………………………… 223

七十八、花叶成梦，玉帛成空 …………………………… 224

七十九、真空不空，出世入世 …………………………… 224

八十、欲有尊卑，贪无二致 ……………………………… 225

八十一、覆雨翻云，总慵开眼 …………………………… 226

八十二、前念后念，随缘打发 …………………………… 227

八十三、意有偶会，便成佳境 …………………………… 228

八十四、性天澄澈，何必谈禅 …………………………… 228

八十五、人有真境，即可自愉 …………………… 229

八十六、真不离幻，雅不离俗 …………………… 230

八十七、何须分别，何须取舍 …………………… 230

八十八、布被酣眠，粗茶淡饭 …………………… 231

八十九、了心悟性，俗即是僧 …………………… 232

九十、万虑都捐，一真自得 …………………… 232

九十一、一枝独秀，无限生机 …………………… 233

九十二、把柄在手，收放自如 …………………… 234

九十三、造化人心，混合无间 …………………… 235

九十四、文以拙进，道以拙成 …………………… 235

九十五、以我转物，大地逍遥 …………………… 236

九十六、形影皆去，心境皆空 …………………… 237

九十七、不劝为饮，不争为胜 …………………… 238

九十八、万念灰冷，一性寂然 …………………… 239

九十九、福祸生死，须有卓见 …………………… 240

一〇〇、歌残舞罢，美丑何存 …………………… 240

一〇一、风花潇洒，雪月空清 …………………… 241

一〇二、天全欲淡，虽凡亦仙 …………………… 242

一〇三、观心增障，齐物剖同 …………………… 242

一〇四、笙歌浓时，拂衣而去 …………………… 243

一〇五、绝迹尘嚣，混迹风尘 …………………… 244

一〇六、人我一视，动静两忘 …………………… 245

一〇七、山居清洒，不入凡俗 …………………… 245

一〇八、野鸟忘机，白云无语 …………………… 246

一〇九、念头稍异，境界顿殊 …………………… 247

一一〇、水滴石穿，瓜熟蒂落 …………………… 247

一一一、月到风来，车尘马迹 …………………… 248

一一二、生生之意，天地之心 …………… 249
一一三、雨后观景，深夜钟声 …………… 250
一一四、雪夜读书，神清气爽 …………… 250
一一五、万钟如瓦罐，一发似车轮 ………… 251
一一六、风月花柳，人世繁华 …………… 252
一一七、就身了身，归还天下 …………… 253
一一八、身心之忧，风月之趣 …………… 253
一一九、一念不生，处处真境 …………… 254
一二〇、顺逆一视，欣戚两忘 …………… 255
一二一、空谷回响，池中月色 …………… 255
一二二、尘世苦海，要能超脱 …………… 256
一二三、持盈履满，宜慎思之 …………… 257
一二四、清水芙蓉，浑然天成 …………… 258
一二五、怡然自得，不在物华 …………… 258
一二六、隐于不义，生不若死 …………… 259
一二七、着眼要高，不落圈套 …………… 260
一二八、人生一世，需要超越 …………… 261
一二九、得失相随，利弊相间 …………… 261
一三〇、清净之门，淫邪渊薮 …………… 262
一三一、身在事中，心超事外 …………… 263
一三二、减省一分，超脱一分 …………… 263
一三三、寒暑易避，炎凉难除 …………… 264
一三四、茶不求精，酒不求冽 …………… 265
一三五、万事随缘，坚守本位 …………… 266

附录　《菜根谭》序 ……………………… 268

上卷

一、栖守道德，毋依权贵

栖守道德①者，寂寞一时；依阿②权势者，凄凉万古。达人③观物外之物④，思身后之身⑤，宁受一时之寂寞，毋取⑥万古之凄凉。

注释

①道德：人们应遵守的礼仪和规范。②依阿：依附，迎合。③达人：指心胸豁达的人。④物外之物：泛指物质以外的事物，即道德修养和精神生活。⑤身后之身：指人死后的名声。⑥毋取：勿取，不取。

译文

坚守道德的人，只是寂寞一时；依附权贵的人，却会凄凉万古。胸襟开阔的人，重视物质以外的精神生活，又顾及死后的名声，宁可忍受暂时的冷落，也不愿遭受永久的凄凉。

点评

人生要立意高远，才能摆脱世俗的窠臼。所谓"物外物，身外身"，是对物质生活乃至生命本身的超脱。过度追求物质享受乃至声色犬马，往往使人忽略物质之外的另一面风景。

古人相信世上有比祸福荣辱更永恒甚至比生命更重要的东西。这就是儒家学说的核心思想：仁义之道。孔子说"志士仁人，无求生以害仁，有杀身以成

仁"。文天祥就义前写道:"读圣贤书,所学何事?而今而后,庶几无愧。"所以,坚守精神价值的人,往往能够承受一时冷落。至于魏忠贤那样结党营私、弄权一时的佞臣,只会落得身首异处凄凉万古的悲惨下场。

我们常说,精神上的充实与完善才是人生的最高境界。当今社会,常常让人偏重于物质上的追求,而忽略了道德修养和精神生活,而这些,恰恰更值得我们去坚守和追求。

二、抱朴守拙,涉世之道

涉世①浅,点染②亦浅;历事深,机械③亦深。故君子与其练达④,不若朴鲁⑤;与其曲谨⑥,不若疏狂。

注释

①涉世:经历世事。②点染:绘画时点缀景物渲染色彩,这里指对社会不良习气的沾染。③机械:比喻人心机诈,城府高深。④练达:比喻阅历丰富而通达世情。⑤朴鲁:朴实鲁莽。⑥曲谨:拘束谨慎。

译文

刚踏入社会的青年,因为阅历有限,沾染的不良习惯也少;阅历丰富的人,心机城府也较深沉。所以,君子与其世事练达,不如朴实鲁莽;与其谨小慎微,不如豁达开朗。

点评

人是社会性的动物,很难做到离群索居。刚踏入社会的青年,因为阅历有限,容易保留纯真的天性,同时也不知天高地厚,容易鲁莽冲动。反之,饱经世故的人往往受到不良风气的沾染,各种恶习随之增加。他们患得患失,暮气沉沉,待人缺乏纯真坦诚,做事缺乏冒险精神。

人际交往中,做事圆滑会让人觉得虚伪,过于谨慎会让人觉得做作。人们喜欢初生的牛犊,而不喜欢狡猾的狐狸,这就是练达、拘谨不如朴拙、疏狂的明证。作者充分肯定了"真"与"善"的人性本色。同时,提出以道家之抱朴守拙、自然率真,来纠正俗儒过于世故拘谨、虚伪圆滑之偏。可见，儒释道三家学说互为补充，相辅相成，共同对中国人的社会生活和人格心理产生了深刻的影响。所以，有修养的君子，虽然经历了惊涛骇浪，世事沧桑，仍能保持抱朴守拙的作风。

三、心事宜明，才华须韫

君子①之心事，天青日白，不可使人不知；君子之才华，玉韫珠藏②，不可使人易知。

▶ 注释

①君子：指有才华和品德的人。②玉韫珠藏：珠宝玉石深深潜藏。

▶ 译文

有修养的君子，其言行像青天白日一样，不能使人不知；君子的才识像珠玉一样深藏，不可轻易炫耀。

▶ 点评

"石韫玉而山晖，水怀珠而川媚"，这句话出自陆机《文赋》。一座山峰，因蕴含璞玉而绽放光彩；一池春水，因怀有明珠而显出秀媚。这是永恒的美丽。按照传统观念，君子应心地光明，胸怀坦荡，待人真诚。才华学识则应内敛，不应炫耀于外、招摇过市。所以，心事宜明是做人的原则，才华内敛是做事的根本。

人生要面对各种问题，只有以诚相待才会避免尔虞我诈，钩心斗角。如果锋芒毕露炫耀才能，在充满猜疑的环境便会招致嫉恨。如果环境良好，时机恰当，就要去勇敢把握机会。"邦无道则隐，邦有道则现"就是这个道理。苏东坡《沁园春》："似二陆初来俱少年。有笔头千字，胸中万卷，致君尧舜，此事何难。用舍由时，行藏在我，袖手何妨闲处看。"表达了一种人生豪迈之情，可见作者的豁达与开朗。

四、污泥不染，机巧不用

势利①纷华②，不近者为洁，近之而不染者为尤洁；智械机巧③，不知者为高，知之而不用者为尤高。

▮ 注释 ▮

①势利：指权势和利欲，《汉书·张耳陈余传》说："势利之交，古人羞之。"②纷华：指繁华的景色，有富丽堂皇的意思。《史记·礼书》："出见纷华盛丽而悦，入闻夫子之道而乐。"③智械机巧：机诈和巧饰。

▮ 译文 ▮

权势奢华，不接近是高洁之举，接近了而不受污染，尤为清白；智谋机巧，不了解才算高明，懂得却不使用更为可贵。

▮ 点评 ▮

这两句代表了古人对于权势和金钱的贬抑态度。俗话说"人为财死，鸟为食亡"，人性自有贪婪的一面，所以权势和金钱的诱惑无处不在。然而，权势和金钱能带来一时的繁华，却带不来内心的永恒安宁。生活在物欲纷杂的现代社会，要想保持内心的宁静是不容易的。君子有所为，亦有所不为，面对诱惑而不为所动，是我们应该追求的圣贤之道。只有品德高尚的人，才能出污泥而不染，耻于智谋机巧的运用，不因权力而贪腐，不因金钱而堕落。

五、良药苦口，忠言逆耳

耳中常闻逆耳①之言，心中常有拂心②之事，才是进德修行的砥石③。若言言悦耳，事事快心，便把此生埋在鸩④毒中矣。

▶ 注释

①逆耳：不顺耳，刺耳。②拂心：不称心。③砥石：磨刀石。④鸩：传说中的一种鸟，据说它的羽毛有毒，泡入酒中可致人死地。

▶ 译文

耳中常听些不中听的话，心中常想些不顺心的事，这才是修身养性砥砺自我的方法；如果听到的话都顺耳，遇到的事都顺心，那就相当于把一生葬送在了毒酒中。

▶ 点评

人生"不如意者十有八九"，总想称心如意是不可能的。苦难是最好的老师，智者由此砥砺品行，完善自我。甜言蜜语使人虚妄无知，如饮毒酒，往往一时陶醉，长远受害。无形中放纵了情欲，消磨了奋进的意志。而生命的道路很长，生活远比想象的艰难。如果没人及时提醒，常如临渊夜行，难免失足亡溺。

常言道："良药苦口利于病，忠言逆耳利于行。"用心聆听不顺耳的建议和批评，可使头脑清醒，少走弯路。"有则改之，无则加勉"，有过错不可怕，只要及时改正即可。可怕的是讳疾忌医，不愿接受批评。有智慧的人，大多勇于接受批评。《增广贤文》中写道："道吾好者是吾贼，道吾恶者是吾师。"人有智慧和勇气，但也有弱点和不足，每个人都有局限性。得到智者的批评是好事。谁都知道"多栽花，少栽刺"的道理。智者只对值得批评的人提意见，对不值得批评的人根本不去评说。

六、霁日光风，草木欣欣

疾风怒雨，禽鸟戚戚①；霁日光风②，草木欣欣③。可见天地不可一日无和气，人心不可一日无喜神④。

▎注释

①戚戚：内心忧虑不安。《论语》："君子坦荡荡，小人长戚戚。"②霁日光风：雨过天晴，风和日丽。③草木欣欣：花草树木充满生机。④喜神：快乐的心情。

▎译文

狂风暴雨的天气，鸟兽也会哀伤忧虑，恐慌不安；风和日丽的日子，草木则会欣欣向荣，充满生机。可见，天地间不可一天没有祥和的氛围，人心中不能一天没有愉悦的心情。

▎点评

人是红尘过客，亦是逆旅主人。生命只有一次，开心也好，伤心也罢，凡事不可重来。所以要珍惜现在，微笑克服困难。只有以积极的心态面对世界，才能以闪亮的姿态绽放光芒。做想做的事，爱想爱的人。不过分苛求，亦不太多奢望。做好每件事，珍惜每个人。现实，或许有颠簸坎坷，毕竟人生不是一条坦途。但既然选择了远方，就要风雨兼程。

"感时花溅泪，恨别鸟惊心。"世间万物，常随心情而变化。怒气冲天时，一切可恨可憎。悲伤哀婉时，一切可悲可叹。开心是一天，不开心也是一天。即便暗夜时悲伤来袭，也要努力逃出红尘的羁绊。整天愁眉苦脸，跟身边人怒目相向，有什么乐趣可言呢？所以，不要深陷于世俗的沼泽，以致无法上岸。要乐天知命，不可怨天尤人。保持开朗的心情，度过快乐每一天。

七、真味是淡，至人如常

醲肥①辛甘非真味②，真味只是淡；神奇卓异③非至人④，至人只是常。

▎注释

①醲肥：美酒佳肴。②真味：真正的美味。③卓异：卓然不同，异于常人。④至人：修养达到极致的人。《庄子·逍遥游》："至人无己，神人无功，圣人无名。"

译文

美酒佳肴、辛辣甘甜不是真正的美味,真正的美味是清淡;与众不同、举止怪异的人不算真正的伟人,真正的伟人往往很平常。

点评

大鱼大肉、美酒佳肴,固然能够满足口腹之欲,但吃多了就会觉得厌腻。粗茶淡饭虽然很清淡,却能长年食用,而且有益于身心。人生也是如此,点滴小事见真性,平凡之中显伟大。拥有高尚的品德,才能在平淡的生活中坚守真我,丰富学识的同时砥砺品行,进而实现理想。越有才学的人越低调,喜欢哗众取宠的人,多是"半瓶醋",只会乱晃荡。释迦牟尼对众生说法,绝不用玄虚的道理去迷惑民众,而是用简明切实的教义去普度众生。不论如何伟大,都要从平凡做起。人海茫茫,大多数人都是过着平淡的日子。然而,这平凡、平淡中却保留着纯真的本性,在世事风云变幻中显露人性中深沉睿智的光芒。

八、闲时吃紧,忙时悠闲

天地寂然①不动,而气机②无息少停;日月昼夜奔驰,而贞明③万古不易。故君子闲时要有吃紧④的心思,忙处要有悠闲的趣味。

注释

①寂然:寂静。白居易诗:"寂然无他念,但对一炉香。"②气机:天地运转的机能,指大自然的活动。气,天地阴阳之气。③贞明:光明,光辉。④吃紧:宋明时代的口头语,指事情紧急时。

译文

天地看起来好像寂然不动,其实时时在运行,一时一刻也不停止;日月昼夜运转,但光辉万古不变。所以,君子清闲时要有紧迫感,忙碌时要有悠闲的情趣。

点评

宇宙运转变幻无穷,动静相间,作者从天地运行之道深刻体悟到人事变易之道。

"一阴一阳谓之道",明白此理就要做到未雨绸缪,张弛有度。闲适时有居安思危、时不我待的紧迫感,并有应对世事无常的心理准备;杂务缠身、纷繁忙碌时,能够临事不乱、适当偷闲,有闲庭信步的从容心态。这提醒我们,凡事不可急于求成,否则就会欲速则不达。此即王阳明所谓"在事上磨炼"的涵养功夫。自古做大事者无不拥有这种素质。

九、静中观心,真妄毕现

夜深人静,独坐观心①,始觉妄穷②而真③独露。每于此中,得大机趣④。既觉真现妄难逃,又于此中得大惭忸⑤。

▎注释 ▎

①观心:观察内心。②妄穷:妄念全消。③真:脱离妄见达到的涅槃境界。④机趣:自然的情趣,指生命的真谛。⑤惭忸:惭愧不安。

▎译文 ▎

夜深人静,一个人独坐反省自身,开始觉得妄念消失了,只有本性留存真心流露。每当这时,才领悟生命的真谛。继而发现真性只是暂时的流露,妄念仍然无法消除,于是心灵感觉深深的惭愧。

▎点评 ▎

人有妄念,亦有真心,两者并存于一身。妄念出现时,凡夫俗子往往掀起巨大波澜,丧失纯真之性,圣人则能心如止水,以不变应万变。儒释道三家都讲究内省功夫,强调对身心的磨炼。儒家"正心诚意",佛家"应无所住而生其心",道家"恬淡虚无,真气从之",无不如此。静心内省时,最大的矛盾是真心与妄念交缠不休。真心是内心深处的澄明本性,与生俱来的良知本体,是超凡脱俗的清明境界。妄念则是与种种欲望相纠结的凡俗念想。

事实上,人要彻底超脱妄念是不可能的。"一半是天使,一半是野兽"。人有动物性的一面,即"食色,性也"。但又毕竟拥有高度发展的智慧文明,有同情心和羞耻心,有道德意识。所以,人类的精神世界极其复杂。真心与妄念犹如明月与乌云。

明月有时被乌云遮蔽，难显真容。但乌云不会总将明月遮蔽，总有云破月开、清光万里之时。因此，真心与妄念有矛盾冲突却又掩映成趣，构成了丰富的精神世界，成为人们实践修行的生动课程。其实，修行的过程，就是拨云见日的过程。

十、得意早回头，拂心莫停手

恩里①由来生害，故快意②时须早回首；败后或反成功，故拂心③处莫便放手。

注释

①恩里：蒙受他人恩惠。②快意：顺心。③拂心：不顺心。

译文

受到恩惠时往往会招来祸害，所以得意时要早回头；遇到挫折或许反能成功，所以不顺心时也要有所坚持。

点评

中国传统文化特有的一种人生观，即中庸之道。人们常说"过犹不及"，事情做过了头，往往招致危险，古语"功高震主者身危，名满天下者不赏"就体现了这个道理。朱熹说："凡名利之地，退一步便安稳，只管向前便危险。"

历史上有范蠡那样功成身退、保全身家的例子，也有文种那样鸟尽弓藏、兔死狗烹的悲剧。所以，事情顺遂时要保持足够的清醒。同时，做事要有坚忍不拔的毅力，不要遇到挫折或不顺心就轻言放弃，或许成功就在不远处。得意时及早回头，失败时切莫灰心，这是作者的经验之谈。

十一、淡泊明志，肥甘丧节

藜口苋肠①者，多冰清玉洁②；衮衣玉食③者，甘婢膝奴颜。盖志以淡泊明，而节从肥甘④丧也⑤。

注释

①藜口苋肠：指粗茶淡饭。藜，一年生草本植物，新叶及嫩苗可吃。苋，一年生草本植物，茎叶可吃。②冰清玉洁：形容人品像冰一样清洁。③衮衣玉食：华服美食，指权贵。衮衣，古代帝王所穿的龙服。玉食，形容山珍海味。④肥甘：美味的食物，比喻物质享受。⑤丧也：丧失。

译文

忍受粗茶淡饭的人，大多具有冰清玉洁的品格；追求锦衣玉食的人，往往做出卑躬屈膝的面孔。这是因为人的志向可从淡泊名利中表现出来，而人的节操则从物欲享受中丧失殆尽。

点评

凡是贪图物质享受的人，往往会陷入淫靡无耻的境界，从而导致精神空虚不断堕落。为了满足更大的私欲，他们不择手段争夺名利，摆出卑躬屈膝的态度也在所不惜，结果是"节操碎了一地"。成由勤俭败由奢，自古而然。书名菜根谭，寓意"咬得菜根，则百事可成"。正如诸葛亮《诫子书》所说："淡泊以明志，宁静以致远。"廉洁与奢靡，两种不同的生活方式，体现了不同的思想境界和价值理念。当年，吃小米、辣椒，穿粗布衣服的共产党军队，最终打败沉溺于酒宴华灯、豪车美人的国民党政府。现在，中国从上到下刮起了惩治贪腐的劲风，政府部门带头反对奢华浪费的生活。人民群众从中看到了某种执政理念的回归，也看到了民族复兴的希望。

十二、眼界宽广，恩泽流长

面前的田地①，要放得宽，使人无不平之叹②；身后的惠泽③，要流得久，使人有不匮之思④。

▶ 注释

①田地：指心胸。②不平之叹：对事有不平之感时所发的怨言。③惠泽：恩泽、德泽。④不匮之思：无穷无尽的思念。匮，穷竭。

▶ 译文

为人处世要心胸开阔，宽厚待人，才不会招人怨恨；死后所留的德泽，要流传长远，才会赢得无尽的怀念。

▶ 点评

俗话说"争一世而不争一时"，古人论人品，最重气量宽宏。现实生活中，那些心胸狭隘、斤斤计较的人，大多不招人喜欢。宽容厚道的人，总能赢得人们的好感和亲近。所以，做人要厚道。"退一步海阔天空"、"风物长宜放眼量"，指出了一种绵远厚重的人生哲理。

流光局促人生有限，古人看重"身前身后名"，追求名垂青史，流芳百世。凡事多为他人着想，多为后代着想，多行善事，就能广积恩泽。"善为至宝，一生用之不尽；心作良田，百世耕之有余。"个人的生命有限，而仁爱之心却可以永恒，并化为后人的无限感念与追思。

十三、路留一步，味减三分

径路①窄处，留一步与人行；滋味浓的，减三分让人尝。此是涉世②一极安乐法。

▶ 注释

①径路：小路。《论语·雍也》："有澹台明灭者，行不由径。"②涉世：经历世事。

译文

经过道路狭窄的地方,要留一点余地给别人走;享受美味可口的食物,要留一些分给别人吃。这是安身立命获得快乐的最好方法。

点评

世间事常常不可独占。山间小路常常又险又窄,如果争先恐后、互不相让,就易造成堵塞,甚至因而坠入深崖。这时,应为别人留出行路的余地。与人方便就是与己方便。遇到美味佳肴,不要自己一个人吃,而要与周围的人共同分享。这是一种让人快乐,自己也快乐的处世方法。

这种做人的方法,其实有着道德伦理的支撑:就是心中永远要有他人,不要总是一个"我"字。这种"极安乐"的处世方法,更是人品的写照。事事想到他人,经过长期坚持,会变成行为习惯;从行为习惯持续一生,会凝固为性格特质,最终熔铸成人格精神。圣贤也许就是这样炼成的。

十四、脱俗成名,减欲入圣

做人无甚高远事业,摆脱得俗情①,便入名流;为学无甚增益②功夫,减除得物累③,便超圣境④。

注释

①俗情:世俗的情思。②增益:增加,积累。③物累:内心为外物所拖累。④圣境:至高无比的境界。

译文

做人不需要成就什么伟大事业,只要摆脱世俗的功名利欲,就可跻身名流;做学问没有什么特别诀窍,只要摒除物欲的干扰纷争,便可进入圣贤的境界。

点评

佛家有顿悟与渐悟之说。有人一生勤修,渐入佳境,悟道成佛;有人见佛祖拈花微笑,立即顿悟,即"直指人心,见性成佛"。这里,作者摒弃了烦琐的教条和规则,直指成为名流和圣贤的捷径。人想成为名流没那么复杂,无须建立高远的功业。只要摆脱世俗的人情世故,挣脱名缰利锁的羁绊,不媚俗,不流俗,不低俗,率性活出真我来,就足以跻身名流之列。

圣贤之路不必守着青灯黄卷,皓首穷经,寻章摘句。读书原是为了做人。只要将名利诱惑、物欲贪念抛弃,澄清尘埃,心思纯粹而宁静,即使身处陋巷、箪食瓢饮也会感到快乐。圣贤的境界,是一种超然物外的情趣。何为幸福?心有余裕,不为物役,即是幸福。

十五、侠心交友,素心做人

交友带三分侠气①,做人要存一点素心②。

注释

①侠气:路见不平、拔刀相助的气概。
②素心:纯洁的心。素,指未经染色的纯白细绢。

译文

交友要有三分见义勇为的侠义精神,做人要有一颗纯粹天真的赤子之心。

点评

交友要讲几分义气。与朋友相处,自然要以诚相待。朋友有急难时,则要挺身相助。三分侠气是作者的独特见解。儒家

讲"君子之交淡如水",是说志同道合的道义之交。作者所言,不仅是志同道合的道义之交,更是情谊相投、患难相助的生死之交。"在家靠父母,出门靠朋友",讲的也是这种患难相助的朋友义气。但作者毕竟是读圣贤书的儒生,对江湖义气还是有所保留,只强调"带三分侠气"。他对《水浒传》中那样只认朋友、不问是非的江湖义气不可能完全认同。

作者强调做人要有一点"素心",即纯净的赤子之心,这与前面的"君子与其练达,不如朴鲁;与其曲谨,不如疏狂"是一致的。看惯了官场上的奉承迎合,作者深感做人不要过于世故圆滑,虚情假意,还是要有一些真性情在里面,待人应当坦诚率真。明代是一个思想活跃的时代。随着资本主义经济开始萌芽,人性解放的意识也潜滋暗长。那时的士子文人多有较强的个性意识,崇尚真性情。所以,明代小品文多是真情流露的性灵之作,这一点本书也不例外。

十六、利毋居前,德毋落后

宠利①毋居人前,德业②毋落人后;受享毋逾分外③,修为④毋减分中⑤。

▶ 注释

①宠利:恩宠和利禄。②德业:德行和事业。③分外:本分之外。④修为:修养。⑤分中:本分之内,能力达到的范围。

▶ 译文

追求名利不要抢在前面,积德修身不要落在后面;享受利益不要超过本分,品德修养不要降低标准。

▶ 点评

范仲淹"先天下之忧而忧,后天下之乐而乐",是一种"乐让人,苦己取"的处世态度。在苦和乐面前,何者为先,何者为后,体现了个人的修养品德和心性本质。作者认为品行修炼是最重要的,应当耻于人后。而蒙受恩宠、获取利益则不必居于人先。今天所说"吃苦在前,享受在后",这种先与后的排列,正是这种价值观的体现。

同时,作者主张节欲,认为过度放纵,贪恋享受,就会导致精神堕落,理性丧失。这实质上反映了传统文化的中道观念：对待欲望和享受，并不完全禁绝和排斥，而是设定必要限度，有所节制。这是深刻洞察人性后的理性态度。"忧劳可以兴国，逸豫可以亡身"，值得人们深思。

十七、退即是进，与即是得

处世让一步为高，退步即进步的张本①；待人宽一分是福，利人实利己的根基。

注释

①张本：为事态发展预做安排。

译文

为人处世懂得谦让才算高明，谦让是进一步发展的资本；待人接物能够宽容就是幸福，便利别人是自己方便的基础。

点评

传统文化中的哲学思想渗透在社会生活的各个方面。在进与退、争与让、取与予的矛盾中，作者显然受到"将欲取之，必先与之"这一老子辩证哲学思想的影响。俗话说"吃亏就是便宜，占小便宜吃大亏"，也说明了这种做人的道理。这样处世态度当然无可厚非，但从某种程度上讲，做得过分了就显得虚伪。以退为进，以予为取，显然不是出自真心。人们一旦明了真实用意，效果往往会适得其反。所以，我们在现实生活不必刻意为之。应当心怀至诚，做到谦让有礼宽容待人，这足以赢得人们的尊重，从而为自己争取较好的人脉资源和有利的社会环境。

十八、矜则无功，悔可减过

盖世功劳，当不得一个矜①字；弥天②罪过，当不得一个悔③字。

注释

①矜：自负、骄傲。②弥天：滔天。③悔：认清过错以忏悔。《华严经》："我

者所造诸恶业，皆由无始念嗔痴。从身语意之所生，一切我今皆忏悔。"

▶ 译文 ◀

如果恃功自傲，即使有盖世功绩也会黯然失色；若能真诚悔悟，即使犯了很大罪过也能得到宽恕。

▶ 点评 ◀

俗话说"骄必败"，功绩只能代表过去，不能代表今天和明天。如果对国家建设有功，就躺在功劳簿上居功自傲，以为有了自吹自夸的金字招牌，哪怕立下盖世功绩也会黯然失色。古往今来，功臣名将如果居功自傲，自矜自得就会招致君主猜忌，引来杀身之祸。明太祖洪武皇帝朱元璋在政局稳定后，对辅佐自己打江山的功臣名将毫不手软，便是一个典型的例子。所以作者说："盖世功劳，当不得一个矜字。"

同时，如果一个人犯下弥天罪恶而能洗心革面真诚忏悔，那么罪恶也并非不可原谅。佛家"放下屠刀，立地成佛"即是此理。正如佛经所说，"罪性本空由心造，心若灭时罪亦亡。心亡罪灭两俱空，是则名为真忏悔。"作者强调了个人的主观因素。功高而不矜，罪深而能悔，善恶虽在一念间，这一念并非偶然得来，而是个人长期修养和实践的结果。

十九、美名不独享,责任不推脱

完名美节①,不宜独任,分些与人,可以远害全身;辱行污名,不宜全推,引些归己,可以韬光②养德。

注释

①完名美节:完美的名声和高尚的节操。②韬光:掩盖光泽,比喻掩饰才华不显露。韬,本指剑鞘,引申为掩藏。

译文

完美的名誉和高尚的节操,不要独自承受,必须与人分享,才能远离祸害保全性命;耻辱的行为和不利的名声,不要全推给别人,主动承担几分责任,才能收敛锋芒修养品德。

点评

这段话仍是作者对待名利问题的思考。作者说:"盖世功劳,当不得一个矜字。"立下盖世奇功的人也会毁在"矜"字上。他认为,过于完美的赞誉和荣耀,并不意味着是好事。"木秀于林,风必摧之;堆出于岸,流必湍之;行高于人,众必非之。"有着巨大荣誉的人往往伴随着非议。所以,盛名不妨与他人共享。反过来,对于那些不好的名声和责任,也不应推给别人,应当主动分担一些。以此砥砺自己的品德节操。

这是作者久历世事的经验之谈,是一种趋吉避凶的处世之道,而且是品格修养中的应有之义。荣誉面前要谦让,责任面前要担当。正如现在提倡"见荣誉就让,见困难就上"的高风亮节,推崇那些推功揽过、勇于担当的人。当然,谦让和担当的出发点不一定是为了远离祸端,也是做人的内心信念和行为准则。具备这种涵养功夫的人,才算完美而又高尚的人。不但不会引起人们的反感和忌妒,反会赢得大家的尊重和信任。耶稣背负人类的罪走向十字架,因此才被后人尊为神。

二十、造物不忌,鬼神不损

事事留个有余不尽的意思,便造物①不能忌我,鬼神不能损我。若业必求满,功必求盈者，不生内变②，必招外忧③。

注释

①造物：亦称造化，指创造天地万物的神，通称造物主。②内变：内乱或内讧。③外忧：外来的攻讦、指责。

译文

如果做任何事都留有余地，即使是造物主也不能忌恨，鬼神也不能对我有所伤害。如果事事追求圆满，功业追求完美，即使不发生内忧，也必然招致外患。

点评

传统文化的精义，无论道家还是儒家，大多持"中道有节"的观念。历史上有很多知进而不知退，善争而不善让，从而招致灾祸的例子，不可胜数。能知进退则可保全身心，所以人们信奉"满招损，谦受益"的处世之道，老子则告诫人们要抱"致虚守静"的态度。

这种圆融的处世之道是不是放之四海而皆准呢？毕竟今天的社会环境与封建专制社会有了很大区别。传统文化中也有保守消极的一面。谦和忍让是美德，中庸之道也不失为一种处世态度。但强调过分乃至推向极端则会走向反面，容易导致整个社会趋于消极保守，满足现状，不思进取，反对竞争和变革，看似一团和气，实则暮气沉沉。近代晚清社会就是在这种氛围中走向了灭亡。我们阅读传统典籍，要注意其时代语境。不要把古人话语理解得绝对化、极端化，应灵活把握其合理内核。

二十一、诚心和气，胜于观心

家庭有个真佛①，日用有种真道②。人能诚心和气，愉色③婉言，使父母兄弟间，形骸两释④，意气交流⑤，胜于调息观心⑥万倍矣！

注释

①真佛：真正的佛，指内心的信仰。②真道：真理。③愉色：愉悦的神色。④形骸两释：指与人相处毫无隔阂。形骸，躯体。⑤意气交流：意态神情和谐互动而通

达。⑥调息观心：静坐调息，反省自己。

译文

家庭里有个真佛，生活中有种真道。一个人若能心怀至诚，言行温和，就能使父母兄弟间感情融洽，意气相投，这比独坐调息、观心内省要好上万倍。

点评

鲁哀公问孔子为政之道，孔子说："君君臣臣，父父子子。"意思是说君臣父子各安其道，各尽本分不相逾越，就能国泰民安，否则就会天下混乱而充满乖戾之气。

其实，所谓"真佛"和"真道"就在身边，在家庭人伦之内，在朝夕相处和言笑互动之中。如果家中父慈子孝、兄友弟恭，就能和谐相处，尽享天伦。所以，儒家标榜"正心、修身、齐家、治国、平天下"。这不就是最理想的人生境界吗？一切佛法和修道，哪里比得上这样的境界呢？

灵山其实不远，真经未必尽在西天。天道与人道，国家、社会与家庭，其实是息息相通的。独自坐禅，调息观心，不过是调理个体的身心，比起家庭和睦、社会和谐，只是独善其身而已。所以，明白了这个道理，就会知道家庭伦理和社会公德的躬行实践也是一种修行，而且是更高境界的修行。所以，佛法与大道看似至高无上，其实就在普通的日常事务中。

二十二、云止水中，动寂适宜

好动者，云电风灯①；嗜寂者，死灰槁木②。须定云止水③中，有鸢飞鱼跃④气象，才是有道的心体⑤。

注释

①云电风灯：云中闪电，风中灯影。形容飘忽不定而又容易消逝的事物。②死灰槁木：丧失生机的事物。死灰，熄灭的灰烬；槁木，枯死的树木。③定云止水：安静的云，不动的水。形容入定后的宁静心境。④鸢飞鱼跃：指飞鸟渊鱼的动态景象，形容悟道后欣悦的心情。⑤心体：本体。古人认为心是思想的主体。

■ 译文

心性躁动的人，心思就像云间的闪电，像风中的灯影。嗜好安静的人，心境就像熄灭的灰烬和枯死的树木。以上这些不符合中庸之道。心境像在定云止水般的宁静中，却有鸟飞鱼跃的生机和气象，才是得道的境界。

■ 点评

做事不可走极端，俗话说"过犹不及"，"欲速则不达"，就是说走极端的错误。这是作者在修禅过程中的感悟，凡是心念动如云电风灯飘忽不定忽明忽暗，或是心静如死灰枯木毫无生机，都不是得道之象。最上乘的境界是静中有动，寂静中悟出一派生机。正所谓"万古长空，一朝风月"。

动静相宜，不失为人生的节度，即使处于惊涛骇浪的乱世，也要适应环境寻求生存之道。这恰如人生的修养之道。人生之初，或是心性躁动如云中电、风中灯，心性不定，没有沉稳气象；或生性好静如死灰枯木，暮气沉沉，毫无生趣。当经历世事、增长阅历后，有意砥砺品行、修养身心，精神世界就会趋于丰富多彩，个性人格也变得全面。好动的人会变得沉稳起来，偏静之人会日益活跃起来。这种动中有静，静中生动才是应有的健全人格特质，是人生修行或个性修养中悟道有成的体现。

二十三、责恶勿太严，教善勿太高

攻①人之恶②毋③太严，要思其堪受④；教人以善毋过高，当使其可从。

注释

①攻：攻击、指责。②恶：指缺点、隐私。③毋：无、不。④堪受：能否接受。

译文

指责别人的过错不要太严厉，要想想别人是否能够承受；教诲别人做善事不要希望太高，要考虑别人是否愿意听从。

点评

为人处世要把握分寸，恰到好处。从批评对象的心理特点和实际效果出发，来掌握批评的分寸、教人从善的要求和标准。指责他人的过失要看对象。如果对方自尊心强、性格内向，就应点到即止，不宜言辞过激，引起反感。如果对方漫不经心，不以为然，就要一针见血指出问题所在，予以警戒。同时，劝人向善，要求也不宜过高，应当让他容易做到。

儒家讲究"恕道"，就是宽恕和原谅。人的秉性不同，阅历各异，无论批评还是指责，都不能强求一致，应根据情况区别对待。儒家认为，圣贤之道就是律己要严，待人以宽，对待别人的过错要宽容。这种恕道是一种气量风度，也是一种待人接物的智慧。

二十四、净从秽来，明从暗生

粪虫①至秽②，变为蝉③而饮露于秋风④；腐草无光，化为萤⑤而耀采于夏月。因知洁常自污出，明每从晦生也。

注释

①粪虫：蛆虫。粪，粪土或尘土。②秽：污秽、肮脏。③蝉：又名知了，幼虫在土中吸树根汁，成蛹后破土而出，蜕皮成蝉。④饮露于秋风：蝉不吃食物，只以露水为生，象征高洁。⑤化为萤：古人认为腐草和竹根能化为萤火虫。其实萤火虫在水边

的草根产卵,幼虫潜伏土中,次年化为成虫。

▎译文

尘土中的幼虫最肮脏,可它蜕变成蝉后在秋风中饮食露水,显得那样高洁;腐草本身没有光泽,可它孕育出的萤火虫却在夏夜月光下闪耀光亮。由此可以悟出,洁净之物常出自污秽之中,而光明每在黑暗中孕育出来。

▎点评

粪虫变蝉和腐草化萤这两个例子,从现代科学的角度来讲并不存在。但"洁自污出,明从晦生"的辩证道理却切合实际,并不虚妄。俗话说"英雄不问出身",说明了人不必为出身卑微而苦恼。就像"莲花出污泥而不染",就像月亮周而复始,由亏至盈,由晦至明。人的环境和出身是无法选择的,尽管出身卑微、家境贫寒,却可以通过后天的努力来改变境遇。恶劣的环境有时成为砥砺品性、修养德行的磨刀石,成为激发志向、成就事业的助力器。古今中外很多伟人都是通过青少年时的艰苦奋斗而走向成功的。由此可见,环境的清洁与污秽并没有什么区别,心若自在,随处净土。

二十五、降伪扶正,却妄存真

矜高倨傲[①],无非客气[②],降伏得客气下,而后正气[③]伸;情俗意识[④],尽属妄心[⑤],消杀得妄心尽,而后真心[⑥]现。

▎注释

①矜高倨傲:自高自大,态度傲慢。②客气:言行虚矫,并非至诚之心。③正气:浩然之气,至大至刚之气。④意识:指精神上的思维现象。⑤妄心:指本性被幻象蒙蔽。⑥真心:真实不变的心。

▎译文

人之所以会骄矜倨傲,无非是虚浮之气使然。如果能制伏这种虚浮之气,心中的浩然正气就会伸张;七情六欲都是由于虚妄之心所致,若能消除这种虚妄之心,真实的本性就会显现。

点评

人体如同天地，自有浩然正气存在。有了正气就不会因为利害关系而迷失自我。这段话融会了儒家和佛家思想，道理很明晰。那就是人要努力提高修养，降伏虚浮骄矜之气，使内心正气充盈，笃实向善。对于那些虚妄不实的情欲，则用心中慧剑一一斩断，如此方可得见自性本心。

佛经以海水与波浪比喻真心和妄念。海水常住不变，是为真；波浪起伏无常，是为妄。众生之心，对境妄动，起灭无常，故皆是妄心。得金刚不坏之心，唯佛而已。所谓"情欲意识尽属妄心"，是指不论爱憎之情欲，或判断是非之意识，尽属妄心。人生本是漫长的修行，大智慧常在与自身虚浮之气和种种妄念反复较量中得到。有人曾借《西游记》中的故事来比喻这种修行，那些"客气"和"妄念"好比是西天路上的种种妖魔鬼怪。只有一路降妖除怪，斩尽心魔，才能走到灵山求取真经。

二十六、以悔破痴，性定动正

饱后思味，则浓淡之境都消；色后思淫，则男女之见尽绝。故人常以事后之悔悟，破临事之痴迷①，则性定②而动无不正③。

注释

①痴迷：指见到事物的一面，而不能做全面的分析。②性定：本性安定不动。性是本性，即真心；定是安定，不动摇。③不正：出格。

译文

吃饱喝足后再回味美食，浓淡甘美难以真切体会；男女交欢后再回想，则无法激起欢爱之情。人们如果常用对某事的事后悔悟，来点破面对另一事时的痴迷，以此保持本性不变，行动就有了正确方向。

点评

人总是在饥饿时充满对美食的渴望；在情动时难挡美色的诱惑。一旦满足食色欲求，就不再痴迷，从而回归本性。同样道理，在面对很多事情时，我们因不了解、不曾经历，常常为之痴迷。事实上一旦经历后或全面了解后，认为"原来如此"、"不过如此"，也就失去了最初的激情和痴狂。

"曾经沧海难为水，除却巫山不是云"，讲的也是这个道理。所谓"太阳底下无新事"，很多上了年纪的人阅历丰富，遇到新鲜事物时不易被表象迷惑，事先能够保持内心的镇定，达到"性定而动无不正"的境地。这是作者对人间万事的体察领悟，告诫人们在种种诱惑面前要破执去贪，保持本性。这种境地，常是久经世事后的彻悟，如同孔夫子所说"四十而不惑，五十而知天命，六十而耳顺，七十而从心所欲，不逾矩"。

世间事物千差万别，总在不断发展变化。痴于此事而后有悔，而彼事则未必。凡事先痴迷而后了解，了解后再破除痴迷，这是必经之途。随着年龄增长历世弥深后，对新事物不再像少年人那样保持新鲜感和好奇，也不再容易陷入痴迷。同时，也容易以老眼光来看待新事物。因此人们应当与时俱进，勇于体验新事物、了解新事物，尝试新生活，接受新观念。否则，思维方式容易保守僵化，性虽定而动未必正。

二十七、志在林泉，胸怀廊庙

居轩冕①之中，不可无山林②的气味；处林泉之下，须要怀廊庙③的经纶④。

注释

①轩冕：比喻高官显贵。古代大夫以上的官吏，出门时穿朝服坐马车。轩即马车，冕即朝服。②山林：泛称田园风光或闲居山野，比喻隐退。③廊庙：指在朝做官。古代建筑把正堂两边的厢房称为廊。④经纶：泛称织丝，比喻政治。

译文

在朝身居要职的人，不能没有闲逸之气；隐居林泉的人，应该胸怀天下、关心国计民生。

点评

本条所说，其意旨并非鼓励人们出世，隐居山林或遁入空门，而是说身居高官享有厚禄的人，要有一点山林雅趣，来缓和热衷名利的思想。其实，隐与显、朝与野，并没有天壤之别。在朝为官，应有几分淡泊情怀，视"富贵于我如浮云"。随时归隐林泉，怡养天年。归隐在野，不应对天下事冷漠视之，也要心系天下苍生，拥有广阔胸襟和高远志向。一旦国家有事，随时能出山济难，拯救苍生于倒悬。

纵观古今，历代文人都有这种归隐林泉的名士情结，亦有显达于朝、安邦济民的志向。他们推崇那些能自由出入于二者之间的人物。古代文人一生多在隐与显、穷与达之间徘徊，其人生理想就是"穷则独善其身，达则兼济天下"。既有廊庙之才，济时之志，又有归隐之心，林泉之趣，这给古代文人的思想境界提供了一种弹性和张力，对于今人的选择也有启发意义。

二十八、无过是功，无怨是德

处世不必邀①功，无过便是功；与人②不求感德③，无怨便是德。

注释

①邀：求取。②与人：施恩于人。③感德：感恩戴德。

译文

为人处世不必追求功利，只要不犯错误就是功劳；施人恩惠不求感恩戴德，只要别人没有怨言便是品德。

点评

所谓"无过便是功，无怨便是德"，并非如同"多做多错，少做少错，不做不错"那样消极，而是一种舍己为人的奉献精神。做事不邀功，施恩不图报。这是中国人认可的行为方式。有

时候，真正的施舍，常常是牺牲了自我，以成就他人。

当然，在日常生活中，大多数人做事并非不要报酬，施恩于人也并非不求回报。但是，如果一味为了报酬去做事，为了希望回报而助人，常常适得其反。如拾金不昧是好事，有人却向失主提出过分的报酬要求。拯救他人落水本是见义勇为，有的却向家属漫天要价。原本感人的高尚行为变得庸俗，变成交易。更有甚者，扶起被撞倒的老人，却被说成是肇事者。助人施恩者反被受恩者敲诈。这实在令人寒心和齿冷。

从这个角度看，人们在做好事时不求有功但求无过，不求回报但求无怨，多少有些无奈。作者的本义，其实是提倡一种纯粹无私的奉献精神。不求回报的奉献和施舍，永远比只知索取更高尚、更有意义。正如佛经所说："但愿众生得离苦，不为自己求安乐。"这说明了"施"比"受"更快乐。

二十九、忧勤勿过，待人勿枯

忧勤①是美德，太苦则无以适性怡情②；淡泊是高风③，太枯④则无以济人利物。

注释

①忧勤：忧虑而勤劳。②适性怡情：顺应本性心情愉悦。③高风：高尚的风骨。④枯：树木丧失生机。指对功名利禄过分冷淡。

译文

操劳勤勉是美德，过分辛苦就会失去生活的情趣；淡泊名利是好事，过于孤僻就无益于社会人生。

点评

一个人有强烈的事业心和责任感，工作起来夜以继日不知疲倦，这当然值得赞扬。但是，如果只知工作和事业，完全不知世上还有其他事，这未必就是好事了。按照现代人的价值观念，人除了应当拥有事业的成就感，还应拥有二人世界的温馨爱情，有天伦之乐的温暖亲情，有志同道合的亲密友情，有享受闲暇时光的闲情逸趣，有听音乐、看电影等业余爱好。这样的生活才多姿多彩。

所谓"明月清风不要钱"，人心若能淡泊名利，自能"富贵于我如浮云"。淡泊名利当然是美德，但若心性过分冷漠，对国家、对社会、对家庭、对他人没有责任感，对天下兴亡、国家安危、百姓疾苦、亲人贫病统统不关心，那么这样的淡泊就失去了价值和意义。"过犹不及"，凡事不可过度。一旦做过头就走向反面，好事可能变坏事，原本是美德也会让人不敢恭维。可见，人对于分内之事要全力以赴，对自然本性要善加维持，方不至于走入生活的歧途。

三十、原其初心，观其末路

事穷势蹙①之人，当原其初心②；功成行满之士，要观其末路。

▶ 注释

①事穷势蹙：事业困顿，势态窘迫。②原其初心：回想最初的志向。

▶ 译文

事业遭遇挫败的人，应想想当初的壮志豪情，以激发进取的意志和勇气；功成名就的人，要看他能否持之以恒，保持晚节。

▶ 点评

创业之初，人们总是充满信心，希望干一番事业。一旦遭遇挫折、形势逆转，难免心灰意冷，悲观失望。这时，最需要的就是保持信心和勇气。所谓"原其初心"，就是要回溯当初创业时的梦想，恢复信心，鼓起勇气。"原"，既作回溯、追溯，也有恢复、复原之意。作为围观的旁人和后来者，"事穷势蹙之人，当原其初心"这句话意味着对于失意者也不宜以成败论英雄，应当看他当初创业的出发点是为了什么。如果是出自公心，为国为民，哪怕失败了也应予以肯定。

对功成名就的人来说，最大的问题是志得意满，不思进取。古语云"行百里者半九十"，很多成功者往往在最后一刻跌倒，不能保持晚节，从而前功尽弃。故有"声妓晚景从良，一世之烟花无碍；节妇白头失守，半生之清苦俱非"的名言。所以品评人的功德是否圆满，常说"盖棺始能论定"。同时，这里的"末路"除了作"生命最后的晚年"理解，还可解作"身处穷途末路的逆境"。对事业成功者"观其末路"，不要只看他顺风顺水、享受成功的一面，还要看他遭遇横逆、身处险境时的志向节操。人的品格节操常在逆境时充分显露。正所谓"岁寒方知松柏之后凋"。

三十一、富宜宽厚，智宜敛藏

富贵家宜宽厚，而反忌刻①，是富贵而贫贱其行矣，如何能享？聪明人宜敛藏②，而反炫耀，是聪明而愚懵③其病矣，如何不败？

▶ 注释

①忌刻：猜忌嫉妒，刻薄寡恩。②敛藏：深藏不露。③懵：心神恍惚，不明事理。

▶ 译文

富贵人家理应宽容仁厚，反而挑剔苛刻，那么即使身处富贵，人们也会鄙视其德行格调，怎能长享富贵？聪明人应该掩藏才智，如果到处炫耀张扬，就会对自己的弱点愚蠢无知，怎会不失败？

▶ 点评

富贵不足骄，才智不可恃，只有宽厚仁慈的人才能成功。富贵之家处于社会的中上层，其家风如何往往动见观瞻，成为街谈巷议的热点。在人们印象中，富贵之家理应宽厚待人，有其雍容气象。如果身处富贵却为人刻薄寡恩，往往会招人忌怨。甚至激起社会上的仇富情绪，引来祸患。这样下去，人身安全都成问题，如何又能安享富贵？

才华横溢的人理应有自知之明，谦逊虚心，遇事不要锋芒毕露，才能赢得人们的好感和钦佩。这时，才华就会成为资产和财富。俗话说"聪明反被聪明误"，如果一味炫耀自夸，个性张扬，反会引起人们的反感和不屑。在社会上立足都困难，谈何事业成功呢？

三十二、居卑处晦，守静少言

居卑①而后知登高之为危，处晦②而后知向明之太露，守静③而后知好动之过劳，养默④而后知多言之为躁⑤。

注释

①居卑：处于较低的位置，比喻官位低微。②处晦：处于昏暗之地。③守静：隐居山林寺院的寂静心理。④养默：培养和保持沉默寡言的习惯。⑤躁：不安静，急促。

译文

身处低矮之地，才知攀登山崖高处的危险；处于昏暗之境，才知当初的亮光过于耀眼。保持宁静心态，才知奔走好动让身心劳苦；养成沉默心性，才知言语过多实是心躁不安的表现。

点评

这四句话实为深刻隽永、发人深省的人生格言。俗话说"当局者迷，旁观者清"，真理往往在对比中呈现。人们向上攀登时，不易觉察到危险在哪里。只有山下的人才会感受山势之高峻陡峭，一旦跌落则粉身碎骨。所以，身居高位固然有"会当凌绝顶，一览众山小"的豪迈，当然也会"高处不胜寒"。聚光灯下的那些影视明星，优点和缺点一样突出。光彩夺目的明星走到哪里都会惹人注目，私生活也广受关注。这样的生活是不是他们内心所愿？或许，普通人的无拘无束、自由自在更显珍贵。

回到宁静的山野林泉，才明白交际应酬实在耗人心神，奔波忙碌为了什么？名和利带来的并不都是正能量。养成沉默的习惯，才会感到喋喋不休的人是多么可笑。"横看成岭侧成峰，远近高低各不同。"社会由各个阶层、各种职业的人组成。处在不同位置，看问题的角度和感受自会不同。作者的本意是劝人居卑处阴、守静养默。但我们能体会到，身处不同地位的人，眼中的世界各不相同，看问题的角度也千差万别。也许只有站到旁观者的角度，才能全面了解生活的真相。

三十三、放弃执着，方可入圣

放得功名富贵之心下，便可脱凡①；放得道德仁义之心下，才可入圣②。

注释

①脱凡：超越世俗的观念。②入圣：进入圣贤的境界。

▎译文

如果放弃追逐功名富贵之心，就可超凡脱俗；如果摆脱仁义道德的束缚，就可达到圣人境界。

▎点评

功名富贵是世人所热衷的，能视之如浮云，去掉这个执着，当然就可超凡脱俗。仁义道德原是圣人的训诫，只有先放下那些道德教条的束缚，纯以赤子之心入世，才能进入圣人境界。

这两句颇有禅家的机锋。作者显然深受佛禅理论和陆王心学的影响。佛家认为人心皆有佛性，去掉执着即自成佛。王阳明认为世人心中都有良知，只要做到"致良知"，让心中的良知显现，人人皆是圣人。所以，那些仁义道德不离口的人，其实离圣人境界十万八千里。放下对抽象教条的执着，反离圣人境界不远了。因为圣人并不是要你把他的话倒背如流，成天挂在口中。而是因为每个人内心原本就有仁义良知的善根。只要观照内心的良知本能去知善恶，辨美丑，行仁义，就能如圣贤一样照亮这个世界。

三十四、偏见害心，聪明障道

利欲未尽害心，意见①乃害心之蟊贼②；声色③未必障道，聪明乃障道之藩屏④。

▎注释

①意见：意思和见解，指偏见、邪念。②蟊贼：指危害社会的败类。蟊，害虫名，专吃禾苗。③声色：指淫靡的音乐和美好的女色，泛指沉湎于享乐的颓废生活。④藩屏：藩篱、屏障。

▎译文

名利和欲望未必损害人的本性，自以为是的偏见才是残害心灵的毒虫；声色犬马未必妨碍人的修持，自作聪明才是领悟大道的障碍。

▎点评

很多时候，自我才是彻悟的障碍。如固执己见，自以为是，实是妨碍心智的大敌。那些偏妄之见就像害虫一样，蚕食原本健全的心智。比起那些利欲熏心的俗念来更加不易觉察。所以说，声色犬马、七情六欲因为都在显处，容易克服。自作聪明时头脑中的偏执之见，因为不易觉察其荒谬，反而不易撼动。越是聪明就越容易为错误找到辩解的理由和借口。所以聪明在偏执时反而成为悟道的障碍。常言道"酒不醉人人自醉，色不迷人人自迷"，只有意志坚定的人才不会"自醉"、"自迷"。因此，本着"有则改之，无则加勉"的态度，以自我批评的精神进行深刻反省，从而放弃偏见，是十分必要的。

三十五、困须知退，顺亦知让

人情反复①，世路崎岖。行不去处②，须知退一步之法；行得去处，务加让三分之功。

▎注释 ▎

①人情反复：指复杂的人际关系。②行不去处：走不通，过不去。

▎译文 ▎

人情反复无常，世路崎岖不平。在走不通的地方，要明白退让一步的处世方法；畅达顺利时，也务必拥有让人三分的坦荡胸怀。

▎点评 ▎

王维诗有"人情翻覆似波澜"句，杜甫诗有"翻手为云覆为雨，纷纷轻薄何须数"句，这都说明了"人情反复，世路崎岖"。世人常叹"路难行，行路难"，难在社会是由形形色色的人所组成。世间人情变幻莫测，常常形成互相影响、制约的复杂网络。个体要想生存发展，创业有成，就必须依靠各种组织、各种力量的扶持和帮助，通晓谦抑退让之道。如果不懂这个道理，就很容易在现实面前碰得头破血流。所以，遇到过不去的坎时，要懂得退让，不勉强去做，否则事倍功半，白白浪费时间和精力。事业顺利时，不要得意忘形，更要礼让三分。以此胸襟和美德，才能防患于未然。正所谓"退一步海阔天高，让三分风轻云淡"，其中道理，不可不思。

三十六、不恶小人，有礼君子

待小人①，不难于严，而难于不恶②；待君子，不难于恭，而难于有礼。

注释
①小人：指无知而鄙薄的人，泛指缺乏教养、品行不端的人。②恶：厌恶憎恨。

译文
对待品行不正的小人，不难做到严厉，却很难做到不厌恶；对待品德高尚的君子，不难做到恭敬，难的是见贤思齐，以礼相待。

点评
憎恨小人敬重君子，是人之常情。对于缺少修养、品行不端的小人，人们不难做到严词厉色，痛加斥责。但很难做到对事不对人，从内心不厌恶他们，真诚帮助他们改正错误。对于修养有成、德高望重的君子，人们大多恭敬尊重，然而太过谦虚就容易流于谄媚，而使自己处于自卑之境。最好的态度是不卑不亢，采用中庸之道，使体貌都合乎节度。并且见贤思齐，加强自己的修养。总之，不论身处怎样的社会环境，都要保持刚正不阿的独立人格。

三十七、正气清白，留于乾坤

宁守浑噩①而黜②聪明③，留些正气还天地；宁谢纷华④而甘淡泊，遗个清白在乾坤。

注释

①浑噩：同浑浑噩噩，指天真朴实的本性。浑浑，深大。噩噩，严肃。②黜：摒除。③聪明：指机智巧诈。④纷华：富贵荣华。

译文

做人宁可保持淳朴本性，抛弃机心巧诈，留些浩然正气在天地间；宁可谢绝世俗繁华的诱惑，甘于淡泊生活，在人世间留下清白之名。

点评

作者认为，做人要淳朴善良，不要巧诈欺骗；生活要简朴自然，摒弃显赫奢华。只有这样才能保持正直善良的天性，留下质朴清白的名声。不要认为这是过时的迂腐之见。其中既蕴有老庄哲学"道法自然"的大智慧，也有孔孟学说安贫乐道的立身原则。天地有正气，正气在人心。聪明的人遇事喜欢掩饰机巧，往往抹杀了自身的正气。只有本着淡泊明志的态度来处世，才能在纷杂的世事面前保持崇高的理想。现代人的思想观念和生活方式也有返璞归真的趋势。比如，崇尚绿色环保，提倡低碳生活，厌倦嘈杂喧嚣的都市生活，向往山野田园的原始风光。希望有真诚的情感交流，不愿将生活中的一切都变成赤裸裸的交换。

三十八、降魔先伏心，驭横先平气

降魔①者，先降自心，心伏则群魔退听；驭横②者，先驭此气③，气平则外横④不侵。

注释

①降魔：降伏邪魔。魔，本意指鬼。②驭横：驾驭横逆暴虐之事。③气：指浮躁乖戾的情绪。④外横：身外的横逆暴虐之事。

译文

要想降伏恶魔，必先降伏内心的邪念，内心的邪念降伏了，所有的恶魔自会消除；要想控制横逆暴虐之事，必先控制内心的浮躁，内心的浮躁控制了，外来的纷扰就难入侵。

点评

这里，作者说的是做事与治心的关系。正如王阳明所说："破山中之贼易，破心中之贼难。"一个人要想做一番事业，首先要从自身的精神修养做起，从"正其心、诚其意"做起。最大的敌人是自己，千万不可忽略隐藏内心的邪念。内心的邪念不生，外魔自然慑服消退。同样，要控制外界的种种横逆暴虐，必先控制内心的虚躁之气。

儒家学说的一个重要理念就是"内圣外王"。君王内修圣明道德，方能以王道治理天下。所谓"王道"讲究的正是以德服人，其理想境界就是"近者悦，远者来"，如众星之拱北辰。只要我们能够做到心如止水，就可以"百邪不入，寒暑不侵"。

三十九、出入要严，交友要慎

教弟子如养闺女，最要严出入谨交游。若一接近匪人①，是清净田中下一不净的种子，便终身难植嘉禾②矣！

注释

①匪人：泛指行为不正之人。②嘉禾：长势良好的稻谷。

译文

教育子弟就像养闺阁中的女儿一样，最重要的是严管其生活起居，谨慎与人交往。一旦结交品行不端的人，就像在沃土中播下了一颗不良种子，永远也种不出好的庄稼了。

点评

教育弟子和儿女不得采取放任的态度，这是因为未经世事的少年血气方刚，容易受到外界不良习气的影响，误入歧途。所以在成长阶段要从严要求、从严管理。特别是在交友问题上要慎重。"近朱者赤，近墨者黑"，当他们误交品质恶劣的朋友，便容易沾染不良习气。一旦误入歧途，教育起来就会很困难。

酒肉之交只会使人堕落，良师益友可以助人成功。"与善人交，如入芝兰之室；与恶人交，如入鲍鱼之肆。"可见，作者认为教育弟子和子女有两个要点：一是要严管生活起居，不能过于放纵；二是对子弟交友要多加注意，师长要严格把关。对于思想和人格正处于形成阶段的未成年人，这两点的确很重要。

四十、欲勿轻染，学勿稍退

欲路①上事，毋乐其便②而姑为染指，一染指便深入万仞③；理路④上事，毋惮其难而稍为退步，一退步便远隔千山。

注释

①欲路：泛指各种享乐的欲望，即佛家所说的"五欲烦恼"。②乐其便：乐意其方便宜得。③深入万仞：古时以八尺为一仞，这里指万丈深渊。④理路：义理，即学识和修养。

▎译文

对于欲望享乐诸事,不要因为贪图眼前便利而轻易沾染,一旦放纵就会难以自拔;关于学理悟道诸事,不要因为害怕困难萌生退意,稍一退缩就会与真理远隔千山,遥不可及。

▎点评

人有七情六欲,难免被外界诱惑。孔子说:"食色,性也。"又说:"吾未见好德如好色者也。"可见,"欲路上事"多出自人的天性。稍有沾染即易放纵,如洪水破堤一发不可收拾。所以,在这方面要严加注意,对感官上的欲望要加以节制,从小处做起。"勿以善小不为,勿以恶小而为之。"比如,饮酒可以解除忧愁,宴请宾客,活血化瘀,帮助睡眠等,然一旦酗酒就会起到反面的作用,酒后无德就会乱性,所以"酒为万病之源"。

后天学习和修养如逆水行舟,稍一松懈就会退之千里。因此要一刻也不放松,扎扎实实,一以贯之。"莫待老来方学道,孤坟尽是少年人。"如果凡事畏首畏尾退缩不前,不能奋勇前进,就会蹉跎一生一事无成。

四十一、不流于浓艳,不陷于枯寂

念头浓①者,自待厚,待人亦厚,处处皆浓;念头淡②者,自待薄,待人亦薄,事事皆淡。故君子居常③嗜好,不可太浓艳④,亦不宜太枯寂⑤。

▎注释

①念头浓:指对人对事很关心,对生活富有激情。②念头淡:指对人对事漠不关心,对生活失去热情。③居常:日常生活。④浓艳:指奢侈无度。⑤枯寂:寂寞到极点。

▎译文

情感丰富的人,往往能够善待自己,对待别人也很关心照顾,生活中处处充满热情;生性冷漠的人,不仅毫无情趣可言,也处处冷待别人,生活中事事枯燥寡淡。有修养的君子,日常生活和个性爱好既不可太奢侈讲究,也不宜太单调枯燥。

▎点评

作者所说的念头浓与淡，与人的个性有关，也与生活经历和修养有关。那些天性外向、活泼好动、情感丰富的人，常对生活充满热情。将生活过得多姿多彩，对他人的事也十分关心。但做过头了就容易招惹是非，引来非议。那些生性好静，个性冷漠的人，生活过得缺乏情趣和色彩，对别人也往往挑剔苛刻。这样的人往往不讨人喜欢。

这里，作者强调的是物质欲望宜有节制，持两端而取其中。以今天的眼光来看，人的个性千差万别，生活的色彩也是五彩缤纷。人们可以根据个人喜好和经济条件选择生活方式。只要不影响别人，不违反社会公德，其实都可以宽容。生活中有赤橙黄绿青蓝紫，处处都是亮丽风景。然而，凡事做过头了就不宜提倡。所以，反对铺张浪费、奢侈无度无疑是对的。对那些个性冷漠偏激、没有生活情趣的人进行心理干预和关心帮助也是应该的。

四十二、超越天地，不入名利

彼富我仁，彼爵我义，君子故不为君相所牢笼①；人定胜天，志一动气②，君子亦不受造物之陶铸③。

▎注释

①牢笼：笼络，束缚。②志一动气：凝聚精神，统御意气。一，专一或集中；动，统御、发动。③陶铸：范土曰陶，镕金曰铸。这里指规范和塑造。

▎译文

别人拥有富贵，我拥有仁德，别人追求爵禄，我追求正义，君子不被帝王将相的高官厚禄所束缚；人一定能够战胜天命的安排，坚守理想信念，鼓起追求真理的勇气，所以君子不会被天地造物所改变。

▎点评

"富贵不能淫，贫贱不能移，威武不能屈"，这是孟子所描绘的大丈夫气概。

《宋元学案》中有"大丈夫行为,论是非不论利害,论顺逆不论成败,论一世不论一生",这是说君子能够超然物外,不为名利所诱惑,不受君主笼络,不受造化主宰。作者所论,显然深受孟子等人的思想影响。

"彼富我仁,彼爵我义"出自《孟子》,表达了追求仁义的志向,体现孟子思想中强烈的理想主义色彩。"人定胜天"出自《荀子》,"君子亦不受造物之陶铸"一句,强调了荀子"君子役物"的积极思想。世有狂狷者,就是这等"不入名利之中、超越天地之外"的狂人儒者。其为人也,特立独行;其出言也,惊世骇俗。

四十三、高一步立身,退一步处世

立身①不高一步立,如尘里振衣,泥中濯足,如何超达?处世不退一步处,如飞蛾投烛,羝羊触藩②,如何安乐?

▶ 注释

①立身:立足社会,待人接物。②羝羊触藩:羊角触进篱笆,比喻进退两难。羝,公羊。藩,竹制的篱笆。

▶ 译文

立身境界不择高处,就如同在灰尘中振衣,在泥沼中洗脚一样,怎能做到超凡脱俗呢?处世如果不思退让,就像飞蛾扑火、羊角抵撞篱笆一样,怎会享受安乐呢?

▶ 点评

人生于世,要立足稳健,心地高远,不断进取以修身养性,不可陷身于世俗的泥淖,终身在尘埃里打滚。香港富商李嘉诚的办公室里悬挂一副书法条幅:"发上等愿,结中等缘,享下等福;择高处立,寻平处住,向宽处行。"是清代儒将左宗棠所题。对联所写与作者这段话可谓异曲同工。

所谓"发上等愿"和"择高处立",即作者所说"立身高一步"。立身高处,才能视野开阔,高瞻远瞩,胸襟志趣超越凡俗。"结中等缘、享下等福"、"就平处坐、从宽处行",则是作者所说"处世退一步"。做人宜顺应时势,不事张扬,做起事来应当留有余地。如果做不到呢?作者连用四个比喻。如果立身不择高处,就像在尘土中抖衣，在泥淖中洗脚，老在低处打转，视野和格局都无法提升。如果处世不知退让，就如飞蛾扑火自取灭亡，如羝羊触藩进退两难，这样的人生缺乏保障。

四十四、收拾精神，并归一路

学者要收拾精神①，并归一路。如修德而留意于事功②名誉，必无实诣③；读书而寄兴于吟咏风雅④，定不深心。

▎注释

①收拾精神：集中精神和意志。②事功：事业。③实诣：实在造诣。④风雅：风流儒雅。

▎译文

求知治学的人要聚精会神，用心专一。如果在修养道德时在乎事业功名，必定不会有真实造诣；如果读书时将兴趣放在吟诗咏文上，必定无法深刻理解书中道理。

▎点评

治学是很枯燥的事。古人曾以"十年寒窗"比喻读书之路。没有甘守清贫的精神，没有身心

的投入和专注，是难有成就的。作者从两方面讲到治学者易犯的毛病：一是功利心重，心态浮躁。古人读书与修身是一体的。而有些读书人却被现实名利所诱惑，难以沉下心来读书，更谈不上修身养性。二是不务实学，追求风雅时髦。古人治学讲究经世致用，故以经学为主干，诗文辞章只是枝节。

这两个毛病现代人也常犯。象牙塔里的学者常为名利所诱惑，无法沉下心来研究学问。或在政府部门、学术机构挂名兼职；或做演讲、搞咨询、当评委，频频曝光。他们追踪流行而肤浅的话题，对非专业领域和不熟悉的问题也侃侃而谈，似乎无所不知、无所不能。他们的心思不在学问上，心中所想只是为了名利。这样的"学术明星"其素养和水平是大可质疑的。

四十五、俗念塞心，隔绝凡圣

人人有个大慈悲①，维摩②屠刽③无二心也；处处有种真趣味，金屋④茅檐非两地也。只是欲蔽情封，当面错过，便咫尺⑤千里矣。

注释

①慈悲：给人快乐，消除痛苦。②维摩：维摩诘，释迦牟尼的弟子，指佛。③屠刽：屠夫和刽子手。④金屋：富豪权贵的住所。⑤咫尺：一咫尺是八寸，指极短的距离。

译文

人人都有一颗慈悲心，菩萨和屠夫、刽子手都无二致；处处都有一种真趣味，金屋和茅庐没有两样。只有被欲念和私情所蒙蔽，以至错过慈悲心与真趣味，咫尺间便已相差千里。

点评

《孟子》云："恻隐之心，人皆有之；羞恶之心，人皆有之；恭敬之心，人皆有之；是非之心，人皆有之。"佛说："众生皆有佛性，人人皆可成佛。""一切众生，皆具如来智慧德相，但因妄想执着，不能证得。"

可见，圣贤与凡人、佛陀与众生，并没有不可逾越的鸿沟。菩萨的慈悲心与名士的真趣味，同存人间。这与职业、住所无关，也与权势、财富无关。只是，凡人因执着于欲望，缺乏一份超越胸怀，故同圣贤和佛陀的境界差之千里。那么，凡人如何成为圣贤、佛陀呢？作者说："做人无甚高远事业，摆脱得俗情，便入名流；为学无甚增益功夫，减除得物累，便超圣境。"或许这就是由凡入圣、由俗成佛的方便之门。

四十六、有木石心，具云水趣

进德修道①，要个木石②的念头，若一有欣羡，便趋欲境；济世经邦，要段云水③的趣味，若一有贪著④，便坠危机。

注释

①修道：泛指修炼佛道两派心法。②木石：比喻无情无欲。③云水：闲逸淡泊。禅林称行脚僧为云水，以其到处为家，有如行云流水。黄庭坚诗"淡如云水僧"。④贪著：执着一念，贪图物欲。

译文

凡修身养德,应有木石般的心境,如果羡慕奢华,就会被物欲所困扰;凡治国理政,要有云水般的情怀,如果有了贪念,就会陷入危险境地。

点评

修道养德的人,其心境应如枯木顽石,无欲无情。一旦对红尘繁华有所艳羡,便会打开欲望之门,致使前功尽弃。就像电影里常会出现的一幕:修行千年的狐妖蛇精,因一时情动毁了千年道行。对于庙堂之上治国理政者,要有云水般闲逸淡泊的情怀。若有贪念滋生就易坠入危险之境,污毁一世清名,葬送大好前程。

可见,山野林泉远离红尘,自可令人淡泊自持,修身养性。而身处繁华红尘,立于朝堂之上,更是一种修行。所谓"大隐隐于朝,中隐隐于市",声色犬马的诱惑近在咫尺,所欲所求唾手可得,这要求人的内心具有更强的定力。

四十七、善者和气,凶者杀气

吉人①无论作用安详②,即梦寐神魂③,无非和气;凶人无论行事狠戾,即声音笑语④,浑是杀机。

注释

①吉人:善人。②作用安详:言行从容不迫。③梦寐神魂:睡梦中的神情。④声音笑语:言谈说笑。

译文

善良的人行为举止从容安详。即使睡梦中也透着祥和之气;凶残的人处事有狠戾之气,即使言谈说笑也肃杀可怖。

点评

人的精神总能通过外在的形貌表现出来,同样,人的言行举止也反映着内心的想法。内心善良的人,因为毫无邪念,大多和蔼可亲,处处显得淳朴和善。生性残暴的人行事乖张狠戾,哪怕是说笑也透着某种杀气。

可见，一个人是善是恶，都可以从言谈举止反映出来，即便是伪装掩饰，也无法骗过人们的眼睛。所以，一个人要修养身心，涵养道德，就必须从内心深处开始。"正其心，诚其意"，转变观念，真诚向善。只有真正转变了思想和气质，才会移魂转魄，脱胎换骨。

四十八、君子无祸，勿罪冥冥

肝受病则目不能视，肾受病则耳不能听。病受于人所不见，必发于人所共见。故君子欲无得罪于昭昭①，先无得罪于冥冥②。

注释

①昭昭：明亮显著，这里指公开场合。②冥冥：昏暗不明，这里指私密之所。

译文

肝脏如果生了病，眼睛就看不见东西；肾脏如果生了病，耳朵就听不见声音。病虽然生在看不见的地方，可症状都能看见。所以君子要想在人前不犯错误，就要在独处时严格要求自己。

点评

古语云"举头三尺有神灵"，独处时最能反映内心的真实想法，也最能体现人的品格。所以儒家教人修养品德，必须从慎独做起。只有真正修好慎独功夫，才会做到问心无愧，襟怀坦荡。人前与人后的表现一样，公开和私下的言行一致。修养身心要想有成，主要就在于做到"慎独"，这就是儒家所强调的修身功夫。

当光明隐退，黑暗往往成为罪恶的渊薮。据《后汉书·杨震传》记，东汉杨震赴任东莱太守途中，路经昌邑。昌邑令王密为报答当年提携之情，白天去谒见杨震，晚上则以黄金十斤相赠。杨震不纳，王密说："现在是深夜，没人知道。"杨震说："天知、神知、我知、你知，怎能说没人知道呢？"王密于是惭愧离开。

四十九、少事为福,多心惹祸

福莫福于少事①,祸莫祸于多心②。惟苦事者,方知少事之为福;惟平心者,始知多心之为祸。

▌ 注释

①少事:指没有烦心琐事。②多心:猜忌,疑神疑鬼。

▌ 译文

人生最大的幸福莫过于无牵无挂,最大的灾祸莫过于多疑猜忌。只有辛苦忙碌的人,才知道无事清闲的幸福;只有心气平和的人,才理解疑神疑鬼的祸患。

▌ 点评

猜忌与多疑是内心的毒刺,这并不是从来就有的,很多时候是自己种上去的。所以说"疑心生暗鬼",猜忌与多疑是招致灾祸的最大根源。"天下本无事,庸人自扰之。"如果心地光明,胸怀坦荡,就无须疑神疑鬼、自寻烦恼。所以,修身养德的要义,就是不要无事找事,横生纷扰;不要猜疑多心,徒惹烦恼。人若能平安一生,也是一种福分。人生的最大幸福并非功名富贵,而是经历似水流年,却能远避祸端,不汲汲于名利,得以颐养天年,寿终而去。

五十、方圆应时,宽严得宜

处治世①宜方②,处乱世当圆③,处叔季④之世当方圆并用;待善人宜宽,待恶人当严,待庸众之人当宽严互存。

▶ **注释**

①治世：太平盛世。②方：指品行端正，行事刚直。③圆：指处世变通，圆融无滞。④叔季：古时兄弟之间排行顺序按伯、仲、叔、季，叔季排在后面，引申为衰乱将亡的时代。《左传》云："政衰为叔世"，"将亡为季世。"

▶ **译文**

生活在太平盛世，为人处世应当严正刚直；生活在动荡之世，为人处世应该变通圆滑。生活在衰乱将亡的末世，为人处世要方圆并济。对待善良的人应宽厚，对待邪恶的人要严厉，对待普通人应根据具体情况，宽严互用。

▶ **点评**

生活在太平盛世，法治严明，道德彰显，社会管理井然有序。这时正邪昭彰，善恶分明，为人处世应方正刚直，严守原则。生在乱世，法令废弛，道德沦丧，人们崇尚实际利益。这时为人处世就不宜过于方正，而应知晓变通、免招灾祸。在王朝更替的末世，旧政权行将崩溃，新秩序尚未建立，这时就应方圆并用。对于善良正直的人应当宽厚，以鼓励人心向善；对于邪恶的人则应当严厉，以警示众人；对于普通人则有宽有严，以严明赏罚。

其实，作者所讲并不单指为人处世之道，还有治国理政之术。总之，无论方正、宽严，都应因时、因势、因人而用。太平盛世有明君贤臣，一个人的言行即使刚直严正，也不会受到政治迫害。反之，假如处在昏君奸臣当政的乱世，言行不当就可能招致杀身之祸。

五十一、感恩忘怨，和谐处世

我有功①于人不可念，而过②则不可不念；人有恩于我不可忘，而怨则不可不忘。

▶ **注释**

①功：对他人有恩惠或帮助。②过：言行对他人有所冒犯。

▶ **译文**

我对别人有帮助，不要常挂在嘴上或记在心上，对别人有冒犯的地方应时时反恩；别人对自己的帮助和恩惠不可忘，别人有负于自己的地方应当忘却。

点评

这里所讲的是中国人的恩怨观。作者认为，自己对于别人有恩的地方不必时时挂念，但对别人不好的地方则应记在心上，以期有所弥补。别人对于自己的恩惠要牢记在心，以图有所报答。"滴水之恩，当涌泉相报"、"一饭之恩，终身不忘"。感恩图报是中国人的美德，也是人际关系的正能量。对于生活中那些不愉快的负面情感，应当以宽容的心态看待，及时忘记和消除为佳。

中国以往的传统社会是人情社会。人与人之间常常不是靠法治维系，而是靠道德力量，靠血缘、籍贯、师生等复杂社会关系来运作。作者的恩怨观其实是传统的行事方式，并没有超出儒家价值观。但对中国人来说是容易接受的，实际生活中也容易做到。这种正面的价值观，有助于建立和谐的人际关系，也有益于个人的身心健康。

五十二、施之不求，求之无功

施恩者，内不见己，外不见人，则斗粟①可当万钟②之惠；利物者，计己之施，责人之报，虽百镒③难成一文之功。

注释

①斗粟：一斗米。②万钟：形容丰盛。钟，量器名。③百镒：大量金钱。镒，古重量名。

译文

施恩于人者，并不挂于心，也不张扬于外，那么即使一斗粟的付出也相当于万钟粟的恩惠。做公益活动或帮助他人，如果计较自己的施与，而要求别人回报，那么即使付出黄金万两，也难有一文钱的功德。

点评

施舍恩惠于他人，必须有"为善不欲人知"的情操，绝对不能存在半点回报的心理。所以，"有心为善虽善不赏，无心为恶虽恶不罚"。施与和回报的关系，实质是义与利的关系。显然，在作者看来，做公益慈善或帮助他人本身是值得鼓励和肯定的。回报不回报不是本人应当考虑的，也不是施与行为的前提条件。如果施与者不图回报、不事张扬，则这种助人行为就是很纯粹的美德。受恩者会真诚感激，永生难忘，社会也会给予高度的肯定和褒扬，这类似"感动中国"那样的精神鼓励。在古人看来，美名是天下公器，只能给予具有美德的人。

五十三、推己及人，方便法门

人之际遇①有齐②有不齐，而能使己独齐乎？己之情理有顺有不顺，而能使人皆顺乎？以此相观对治，亦是一方便法门③。

▌注释 ▌

①际遇：机会、境遇。②齐：通济，显达，成就。③法门：领悟佛法的门径。这里有捷径之意。

▌译文 ▌

人生的际遇有顺利也有不顺的时候，所处的境况各有不同，在这种情况下，怎能要求特别幸运呢？情绪有平静也有烦躁时，每人的心情各有不同，怎能要求大家都心平气和呢？以此反躬自问，将心比心，是领悟为人处世之道的捷径。

▌点评 ▌

人的命运由很多复杂因素决定。既有主观方面的，也有客观方面的，甚至有很大的偶然性。古语云"人生不如意事常十之八九"，所以，人不可能总是一帆风顺，才华和能力出众的人也是如此。处于不同的境况，会有不同的心态和情绪，对于不够理智甚而偏激的情绪应予以理解。只有将心比心，才能做到体谅和宽容。这里，作者没有明确指出对错，而是提供了一种思考问题的方法。就是要跳出自我的小天地，全面对照社会各方情况，客观看待自己、对待他人，从而领悟正确的处世方法。

五十四、读书学古,心地要纯

心地干净①,方可读书学古。不然,见一善行,窃以济私②,闻一善言,假以覆短③,是又藉寇④兵而赍盗粮矣。

▶ 注释

①心地干净:心思纯净。②济私:满足私欲。③覆短:掩饰过失和短处。④藉寇兵而赍盗粮:借给敌人兵器,资助强盗粮草。

▶ 译文

心地纯净的人,才能读圣贤书、学习古人。若非如此,古人的善行,就会用来满足私欲;古人的嘉言,就会用来掩饰短处,这等于向敌寇资助武器、给强盗救济粮草。

▶ 点评

作者在这里看问题是比较透彻的,涉及读书和做人、才与德的关系。在他看来,读圣贤书的人未必成为圣贤,可能是伪君子。历史上很多祸国殃民的人物并非不学无术。相反,有的是精通典籍的饱学之士,有的学养深厚、诗书俱佳。如宋代蔡京、秦桧精于书法,明代严嵩能诗善文,等等。

可见,饱学之士未必人品就好。他们求学读书的动机并不纯。只是将读书当作进身之阶,将学历当作仕途的敲门砖。读书和修身成为两张皮,从而造成了有才无德。所以,读书和修身应是一体的。增长知识的同时,更要注重修养品德。一位教育家说得好:"我们培养出来的学生,如果无德无才就是废品,有德无才是残次品,有才无德则是危险品,有才有德才是高质量的正品。"

五十五、俭则有余,劳应有成

奢者富而不足,何如俭者贫而有余?能者劳而府怨①,何如拙者②逸而全真③?

▶ 注释

①府怨:众怨。府,聚集之处。②拙者:笨拙的人。③全真:保全天性。

▎译文

奢侈的人再富有也会入不敷出，怎比得上穷人因生活节俭而有余？有才能的人辛苦操劳却招致众怨，怎比得上笨人因安逸而保全天性？

▎点评

人的欲望是没有止境的。奢侈无度的人，再多的财富也不够。节用有余，则会知足常乐，无疑更幸福。人们常说："能者多劳。"如果有才干的人辛苦操劳，赢得的不是鲜花和掌声，而是指责和怨气，他会因此意志消沉，心力交瘁。作者认为与其劳而无功、心力交瘁，还不如笨拙清闲一点好。从道家无为的观点来看，这样的看法也许有道理，但太过消极，实不足取。干事业总会遇到不同的阻力，需要创业者具有一定的承受能力。对于看准了的事情，要坚定信心，改进方法，尽量争取人们的理解和支持，努力追求成功。当代中国的改革开改也不是一帆风顺的，因为触及不同的利益阶层。但如果就此放弃，保守无为，就会使民族复兴的愿望最终落空。

应当说，作者前一句是没有问题的，后一句从道家观点来看有一定道理，但不符合积极入世、刚健有为的儒家精神。在今天看来也过于消极，值得商榷。

五十六、学以致用，立业种德

读书不见圣贤，如铅椠佣①；居官不爱子民，如衣冠盗②；讲学不尚躬行，如口头禅③；立业不思种德，如眼前花。

▎注释

①铅椠佣：成为笔墨文字的奴隶。铅，可以写字的铅粉；椠，削木为牍。②衣冠盗：衣冠楚楚、道貌岸然的强盗。比喻尸位素餐、窃取俸禄的官吏。③口头禅：比喻只是口头说说，并不躬身实践。

▎译文

读圣贤书未得精髓，就如同书奴墨佣；居官不爱护百姓，就如衣冠楚楚的强盗；

只讲学问却不身体力行，就像只会谈禅却不明佛理的和尚；建立功业却不修道积德，其功业就像昙花一现，烟消云散。

点评

古人治学，主要是为了躬行实践，学以致用。读书不要只拘泥于表面字句，而要得圣贤之心。否则读书万卷、不得真知也是枉然，只是书本笔墨的奴隶罢了。治学讲经不但要透彻理解，更应知行合一，身体力行。否则学问道理只是口头禅而已。同样，居官要以爱民为本。"民为邦本，本固邦宁。"为官一任，造福一方。建功立业的同时还应行善修德。否则功业就如同建立在沙丘上，很容易昙花一现，烟消云散。作者所讲，从读书治学到从政建功，简要精练，生动形象。

总之，读书不求圣贤哲理，就不是学以致用；做官不爱民众，就不是父母官；创立事业不广积德业，就不是爱护子孙。

五十七、真文妙曲，直取本性

人心有一部真文章，都被残篇断简①封锢了；有一部真鼓吹②，都被妖歌艳舞淹没了。学者须扫除外物，直觅本来，才有个真受用③。

注释

①残篇断简：残缺不全的典册书籍，此处指物欲杂念。②鼓吹：乐器，此处指音乐。③真受用：真正让人享受好处。

译文

人心里有一篇天然淳朴的好文章，却被物欲杂念所遮掩；人心中有一首自然真趣的好乐曲，却被妖歌艳舞所淹没。所以，做学问的人要排除外界俗念的干扰诱惑，直取心中的本来面目，才能求得享用不尽的真学问。

点评

作者这里是以道家的观点谈治学。道家讲究自然真趣，反对矫揉造作；也反对淫邪多欲。人心原是纯朴天真的，如同没有经过雕饰的天然璞玉，没有受到世俗情欲的侵蚀。所以说，人的纯真本性就是一篇真文章、一部真乐曲。治学者要扫除那些断简残篇、妖歌艳舞的诱惑袭扰，直接寻取人心的本来面目。清代有"性灵诗派"，就是主张以人的自然性灵为宗，诗歌创作扫除模拟复古的风气，回归表现人的真情、个性。

诗人歌德曾说："理论是灰色的，而生活之树长青。"对于今天的人们来说，所有知识理论都迟早会陈旧，只有现实世界是永恒变化发展的，只有人的心灵保持着灵敏的感应、拥有丰富的情感。所以，学者不要抱着僵死的教条，要注意研究那些天然纯真、生动鲜活的东西，那才是最新鲜、最有用的学问。

五十八、苦中寻乐，得意生悲

苦心①中常得悦心之趣②，得意时便生失意之悲③。

注释

①苦心：困苦愁闷。②悦心之趣：内心喜悦而有乐趣。趣，指乐趣。③失意之悲：由于失望而感到悲哀。

译文

人处在艰难愁苦之境，要经常感受生活中让人愉悦的乐趣。处在顺境得意之时，要经常保持一种失意的悲愁情怀。

点评

这是处在悲喜两种不同人生境遇时，用以修身养性的中和调节之法。人在愁苦心境中，常会出现"感时花溅泪、恨别鸟惊心"的移情现象。这时的情绪需要适度调节，让心灵感受生活中的快乐与美好，从而减少和冲淡悲苦的心情。人在成功时，常有"春风得意马蹄疾，一日看尽长安花"的感受，眼中景象无不心旷神怡。这时应当多体会那些失意时的悲愁感受，从而让头脑冷静下来，不要乐极生悲。

五十九、富贵名誉，来自道德

富贵名誉，自道德来者，如山林中花，自是舒徐①繁衍；自功业来者，如盆槛②中花，便有迁徙兴废；若以权力得者，如瓶钵中花③，其根不植，其萎可立而待矣。

▶ 注释

①舒徐：从容舒展。②盆槛：木质的花盆。③瓶钵中花：插在花瓶或花钵中的花。

▶ 译文

一个人的荣华富贵，如果通过修道养德而来，就像山林中的花草，自然生长、从容开放，绵延不断；如果通过建立功业而来，就像庭院中的盆栽花草，会因时势环境变迁而繁茂枯萎；如果通过权势得来，就像花瓶中所插的花草，因为没有植根泥土，凋谢枯萎只在朝夕之间。

▶ 点评

西谚云"罗马不是一天造成的"，可见，不论官位、财富、名誉都要慢慢积累。同样，君子要想成就一番事业，更是需要用时间和心血去积累。现实生活中，人们常去追求物质上的享受。作者以道德、功业和权势三种取得方式，道出它们不同的结局。如果以修道养德的方式得来，则富贵如山林之花，开放得自然烂漫，一派生机。从而肯定这种方式最自然、最正当，无可指责。其次是通过建立功业得来，则如庭院中的盆栽花草。随着时势变迁，形势变化，会有兴衰、有枯荣。如果通过权势取得，则如插在花瓶中的无根花，很快就会凋谢。所以，孔子说"君子爱财，取之有道"，物质的获取应在道义上有正当性，这样才能问心无愧保持长久。

六十、春至时和，人行好事

春至时和，花尚铺一段好色①，鸟且啭②几句好音。士君子幸列头角③，复遇温饱，不思立好言④，行好事⑤，虽是在世百年，恰似未生一日。

▶ 注释

①好色：美丽的景色。②啭：鸟的叫声。庾信《春赋》有"新年鸟声千万啭"

句。③头角：指气象峥嵘，比喻才华出众。④好言：立言。⑤好事：立德。

译文

春天到来，风和日丽，花木为大地铺上一层美丽的景色，鸟儿发出婉转动听的鸣叫。读书人有幸崭露头角，中榜及第，从此衣食无忧，却不想留下美妙文章，为百姓多做好事，那么即使活到百岁高寿，也如没有生存过一天。

点评

人生在世，总要留下一些有价值的东西。俗话说"得时当为天下语"，意思是说一个人飞黄腾达掌握权力后，一定要为天下苍生和后世子孙做些好事，至少也要完成几部著作。大自然里的花鸟尚且为春光添彩增色，何况是登榜及第、衣食无忧的读书人。十年寒窗苦读圣贤书所为何来？难道不想"立德、立功、立言"？不想"为天地立心，为生民立命，为往圣继绝学，为万世开太平"？如果此生不能为国家、为百姓做些事，读书人应当羞愧白活一世。

六十一、兢兢业业，潇潇洒洒

学者有段兢业①的心思，又要有段潇洒②的趣味。若一味敛束清苦③，是有秋杀④无春生，何以发育万物？

▌注释 ▐

①兢业：小心谨慎，尽心尽力。②潇洒：举止大方，不拘束。③敛束清苦：收敛约束，过于刻苦。④秋杀：秋风萧瑟，万物枯死，渐无生机。

▌译文 ▐

做学问的人要有专心治学的心思，行为谨慎勤于事业，还要有大度洒脱不受拘束的情怀，才能体会人生真趣。如果一味约束自我，过着极端清苦的生活，生命就像秋天般萧瑟凄凉，缺乏万木争发的勃勃生机，如何去滋育万物呢？

▌点评 ▐

大千世界，繁华无边。读书求学，每日勤勤恳恳，兢兢业业，拥有奋发向上的精神，当然最好。但也不可忽略了读书之外的潇洒趣味。尤其是身处竞争激烈的现代社会，生活就等于一场无休止的战斗，如果不讲究一点生活的情趣，怎能面对强大的生存压力呢？会休息的人才会工作，会娱乐的人才懂生活。所以，除了追求形而上的精神生活，也要重视形而下的物质享受，两者不可偏废。不然就成了只知读死书，不懂灵活变通的书呆子。

六十二、立名者贪，用术者拙

真廉①无廉名，立名者正所以为贪；大巧②无巧术③，用术者乃所以为拙。

▌注释 ▐

①廉：清高而不苟取。②大巧：至高无上的智慧。③术：方法、手段。

▌译文 ▐

真正廉洁的不一定有廉洁的名声，到处树立名声的是为了贪图虚名；真正有智慧的不玩弄技巧，玩弄技巧的是因为自身愚蠢。

▌点评 ▐

俗话说"爱美之心人皆有之"，同样，爱好名声也是人的本性。但是，爱好名声者必须要有真才实学压底，才能名实相副，相得益彰。荀子说："无廉耻而嗜乎饮食，则可谓恶少者矣。"是说缺乏廉耻而好吃懒做，可以说是恶劣的少年。一个人若是为了虚名而不择手段，虽然可以炫耀一时，却不能炫耀一世，最终会惹来冷嘲热讽。故而，真正的廉洁不须刻意为之，刻意为之以求显露的不是真廉洁。智慧也是如此。通过拙劣手段或方法显露自我的，终究是浅薄之辈。

六十三、宁缺毋滥，宁缺勿全

欹器①以满覆，扑满②以空全。故君子宁居无不居有，宁居缺不处完。

▶ 注释 ◀

①欹器：古称宥坐器，放置座位右侧，作为规劝警惕的器具。水满一半时端正直立，水空时倾斜，水满时倾倒。②扑满：存钱用的陶罐，存满钱后要打破才能取出，故名。

▶ 译文 ◀

欹器因为装满水而倾覆，扑满因为内里空虚而保全。所以，君子宁可身处无争无为的位置，也不愿身处有争有为的场所，日常生活宁可有些欠缺也不要过分圆满。

▶ 点评 ◀

古语云"满招损，谦受益"，可以通过欹器和扑满这两件事物来说明其中道理。欹器，常被古代君主置于座位右侧，以为警惕自我的工具。它没有水时是倾斜的，水到一半时是直立的，水满了就会倾倒。扑满，即储钱罐，只有入口而没有出口，钱存满了要取出，只能打碎。两者说明了"满"会招致倾倒覆亡，虚怀若谷则会长久存在。

若问身在尘世，何为幸福？可以说，心有余裕就是幸福。如果内心充满欲望和杂念，则会使人疲累，甚至发生心理障碍而不接受他人善言。妄念多了就会傲慢而懈怠，以致骄狂无知。处于这种状态是很危险的，容易招致别人的不满和忌恨，乃至设计陷害，自然容易倾倒败亡。

六十四、名缰利锁,总堕世情

名根①未拔者,纵轻千乘②甘一瓢③,总堕尘情④;客气未融者,虽泽四海利万世,终为剩技⑤。

▶ 注释

①名根:追求名利的念头。②千乘:四匹马拉一辆车为一乘。③一瓢:比喻清苦生活。④尘情:世情。⑤剩技:多余的伎俩。

▶ 译文

追逐名利的思想若不从内心根除,即使看似轻视荣华富贵,甘愿箪食瓢饮那样清苦,仍然无法逃避名利的诱惑;受外界的影响而不从内心加以化解,虽然恩泽世人利及万世,终究是多余的伎俩。

▶ 点评

名缰利锁,常常将人牵绊于尘世的罗网。人若没有一点超脱的胸怀,无论如何摆脱不了它的束缚。纵观古今,很多失意的政客在隐退后流连山水,居于林泉,不过是以退为进的手段。一旦时局有所变化,有利于自己,便会图谋东山再起。因此,面对名利要有点淡泊情怀,才不至于陷入世俗的窠臼。否则,纵然自己标榜清高,仍是世间名利客。即便有所作为,也流于浮浅难为民众造福。

六十五、心地光明,从不暗昧

心体①光明,暗室②中有青天;念头暗昧③,白日下有厉鬼。

▶ 注释

①心体:心的本体,这里指智慧和良心。②暗室:隐秘不为人知的处所。③暗昧:日月无光,这里指内心阴险,见不得人。

▶ 译文

心地光明,即使身处暗室,也如头顶青天;念头暗昧,即使青天白日,也会遇见阴森的厉鬼。

> **点评**

人们常用"不欺暗室"这个词来形容良好的品行。《南史·阮长之传》有"一生不侮暗室"句,说明了其人的光明磊落,一辈子也没做过见不得人的事。俗话说"人心难测,各如其面",一个人的内心如果是善,是磊落,就会看见光明,看见美好;相反,一个人的内心如果暗昧,就只会看见邪恶。总而言之,人要力求向善,而不可陷于恶的泥淖。即便立身于黑暗世界,也要找寻到一点积极的意义。一切善恶美丑都存在一念间,从内心产生,所以"歌仔戏里的傀儡人面,有佛祖也有恶鬼"。

六十六、无名无位,欢乐最真

人知名位①为乐,不知无名无位之乐为最真;人知饥寒为忧,不知不饥不寒之忧为更甚。

> **注释**

①名位:名誉和官位,泛指功名利禄。

> **译文**

世人只知拥有名誉和官位是快乐的事,却不知没有名誉和官位才是真正的快乐。世人只知挨饿受冻是痛苦的事,却不知那些不愁衣食而精神空虚的人更痛苦。

> **点评**

《红楼梦》中有一首《好了歌》,其中写道:"世人都晓神仙好,唯有功名忘不了;古今将相在何方,荒冢一堆草没了。世人都晓神仙好,只有金银忘不了;终朝相恨聚无多,及到多时眼闭了。"这是对世人贪求富贵功名的极大讽刺。人们总是认为物质上的占有,必然会造就幸福的人生,然而事实并非如此。俗话说"无官一身轻",这句话很有道理。陶渊明不为五斗米折腰,不肯诡颜事权贵,在田园之中寻得生之乐趣。可见,摆脱了名誉和官位的束缚,才会懂得人生的闲情逸趣。

六十七、恶中有善路,善处即恶根

为恶而畏人知,恶中犹有善路①;为善而急人知,善处即是恶根②。

▶ **注释**

①善路:向善的道路。②恶根:过失的根源。

▶ **译文**

做了坏事却怕别人知道,虽然是作恶,却还留有向善的道路;做了好事却急于宣扬,虽然是为善,却种下了过失的根源。

▶ **点评**

为善不欲人知,才是真善;为恶欲为人知,即是真恶。孟子云:"善恶之心人皆有之。"人非圣贤,难免不犯错误,不做错事。除非没有灵魂,否则,人一旦做了坏事,自然会有羞耻之心,不想让人知道。这一点羞耻之心,说明了这个人还有一点良知,不是真恶。而有些人,做了坏事还到处宣扬,这才是恬不知耻,是真正的无耻至极。人心堕落到了这个地步,就是真正的罪恶。那些不知羞耻,做了坏事还要寻找虚名来掩饰的人,是最可怕的伪君子。

六十八、天机难测,居安思危

天之机缄①不测,抑②而伸③,伸而抑,皆是播弄④英雄,颠倒豪杰处。君子只是逆来顺受,居安思危,天亦无所用其伎俩矣。

▶ **注释**

①机缄:机要关键,指推动事物发展的内部力量。②抑:压抑,指人处于逆境。③伸:伸展,指人处于顺境。④播弄:玩弄。

▶ **译文**

上天的机关难以测度,有时让人失意而后得意,有时让人得意而后失意,不论何种境地,都是在捉弄那些自命不凡的豪杰。真正的君子,只是忍受外来的困厄和挫折,平安之时不忘危难,上天也无法施展它捉弄人的手段。

◆ 点评 ◆

人生中有很多难以预测的因素,所以在漫长的古代社会,听天由命、逆来顺受成了人们常有的消极人生观。西方一位哲人曾说:"人类一思考,上帝就发笑。"相对于天道自然而言,人类的智慧和能力毕竟有限。有时候,相信天命并非迷信,而是因为在智力不及的地方,只有仰赖天地造化之功。世事难料,我们只能尽力而为,以坚忍的毅力和坦然的态度,迎接命运的挑战,但求无悔于心。孔子说"尽人事而听天命",正是这个道理。

六十九、性情急躁,难建功业

燥性者火炽①,遇物则焚;寡恩者冰清,逢物必杀;凝滞②固执者,如死水腐木,生机已绝。俱难建功业而延福祉③。

注释

①炽：火旺。②凝滞：停留不动，比喻性情古板，顽固不化。③福祉：福气。

译文

性情暴躁的人像炽热的烈火，跟他接触就会被烧毁；刻薄寡恩的人像冷酷的寒冰，碰到他就会被残害；固执呆板的人，像静止的死水和腐朽的枯木，死气沉沉没有生机。这些都不是可以建立功业而为社会造福的人。

点评

有三种人难以与人共事，也难以成就事业。一是性情急躁而不沉着的人。因为性情急躁，所以对事情缺乏准备，全凭一时之意气去做事，毫无沉着冷静的心理，当然难以坚持下去，不久便会自毁前程。二是刻薄寡恩而不讲情面的人。这种人虽然头脑冷静，但是对人对事不讲情面，会让人觉得难以接近，冷酷无情，故而缺少长期的友好合作。三是顽固呆板不知变通的人。这种人常常固执己见，遇到事情不知灵活变通，心如死水朽木缺乏生机，所以谈不上成就事业。以上三种人的性格特点，都有很大的局限性，可以说是都走了极端，是应该引以为戒，绝不可取的。

七十、招福之本，远祸之方

福不可徼①，养喜神②以为招福之本而已；祸不可避，去杀机③以为远祸之方而已。

注释

①徼：求，祈福的意思。②喜神：迷信中的吉祥之神，也指喜悦的精神状态。③杀机：杀害他人的动机。

译文

福分不可强求，保持愉快的心境是召来幸福的根本；灾祸无法逃避，排除怨恨的心绪是远离灾祸的方法。

点评

生活中，有的人心态平和，处处与人为善；有的人却阴森诡异，不是怨天尤人，就是暗自算计。这两种不同的处世方式，会招致不同的人生结局。积德行善，心存忠厚，虽然未必有福报，但不至于招致灾祸。如果总是算计他人，与人为恶，则一定缺乏帮助，招致祸端。

幸福固然不可勉强，但天道好还，善人大多会有善报。当然，有些天灾人祸是不可避免的。此外，要想追求幸福，除了广结善缘，还要自身努力，不能等着天上掉馅饼。若有"只问耕耘，不问收获"的达观态度，即使不去刻意追求，也会得到想要的生活。

七十一、宁默毋躁，宁拙毋巧

十语九中，未必称奇，一语不中，则愆尤①骈集②；十谋九成，未必归功，一谋不成，则訾议③丛兴。君子所以宁默毋躁，宁拙毋巧。

注释

①愆尤：指责归咎。愆，过失。尤，责怪。李白诗有"功成身不退，自古多愆尤"句。②骈集：接连到来。骈，并。③訾议：非议、责难。訾，诋毁。

译文

十句话有九句说得正确，未必有人称赞，如有一句没说对，就会受到众多指责。十次谋略有九次成功，不一定拥有功劳，如有一次失败，就会受到批评责难。所以，君子宁可保持沉默也不浮躁多言，宁可显得笨拙也不显露机巧。

点评

俗话说"好事不出门，恶事行千里"，这是人性的劣根性所致，人心难测，不得不防。人们喜欢说坏话，是因为有嫉妒心，喜欢看别人的笑话。如果做了不光彩的事，就会传播迅速，引来众多非议。即使做了九件好事，也难得有人称赞，从此受到尘封和冷冻。作者对此发出感叹，进而规劝君子宁愿沉默寡言，谨慎处世，也不可急躁冒进，以免言行有失。

七十二、性气清冷，受享亦凉

天地之气①，暖则生，寒则杀②。故性气③清冷④者，受享⑤亦凉薄。惟和气热心之人，其福亦厚，其泽亦长。

▶ 注释

①天地之气：天地间的气候变化。②杀：萧瑟，肃杀，残败。黄巢诗有"待到秋来九月八，我花开后百花杀"句。③性气：性情和气质。④清冷：清高冷漠。⑤受享：所享的福分。

▶ 译文

天地间的气候不断变化，温暖时万物勃发生机，寒冷时万物萧条肃杀。做人的道理也是如此，性情和气质清高冷漠者，所享的福分也淡薄。性情温和乐于助人者，所得的回报才深厚，福分绵长，恩泽长久。

▶ 点评

四季更替，昼夜运转。大自然的气候变迁，是神奇而又难测的，这是造物者的安排，人力难以改变。温暖时，给万物带来勃勃生机；寒冷时，则使万物萧瑟一派肃杀。而人的本性，也和天道也相符，性情冷漠的人，就如寒冬一样，使万物丧失生机，难以与人精诚合作共创事业。反之，性情和蔼，乐于助人者，则会得到广泛的帮助，"众人拾柴火焰高"，"得道多助，失道寡助"，"敬人者人皆敬之，助人者人皆助之"，说的就是这个道理。

七十三、胸怀正义，道路宽广

天理①路上甚宽，稍游心②，胸中便觉广大宏朗；人欲③路上甚窄，才寄迹④，眼前俱是荆棘⑤泥涂。

▶ 注释

①天理：大道自然。②游心：心念游移。③人欲：人的七情六欲。④寄迹：暂时托身之处。⑤荆棘：比喻道路坎坷难行，或事理烦琐难辨。

▶ 译文 ◀

天地自然的正道十分宽广，稍微用心追求，就会心胸坦荡开朗；人情私欲的邪道非常狭窄，立足其上，就会发现布满泥泞，寸步难行。

▶ 点评 ◀

理学家有"明天理，绝人欲"的口号。天理，天道自然，也可理解为人性中的清静无为。人欲，人的种种欲望，贪嗜之好。凡是合乎天道自然的路途，一般都光明正大，走在其中自会胸怀坦荡开朗。即使方寸之间，积德行善，也能畅通无阻。反之，如果放纵私心杂念，内心充塞欲望，则如走在狭隘的小路，理智受到蒙蔽，言行受到束缚，四周布满荆棘和泥土，越往前走，就越陷越深。俗话说"心底无私天地宽，利欲熏心行路难"，就是这个道理。

七十四、敢于怀疑，大胆批判

一苦一乐相磨练，练极而成福者，其福始久；一疑一信相参勘①，勘极而成知②者，其知始真。

▶ 注释 ◀

①参勘：交互考证，调查核对。②知：通"智"。

▶ 译文 ◀

人生路有苦也有乐，经过艰苦磨炼而得到的幸福才会长久；求学时有信仰也要敢怀疑，经过交替验证而探索到的知识才是真理。

▶ 点评 ◀

人的知识大多从书本中来，因为不可能每一件事都去亲自实践。有时也要多听他人的言论和建议，以及观察周围事物的变化。社会是一个大课堂，只从书本上获得的知识远远不够，所以"世事洞明皆学问，人情练达即文章"。孟子说"尽信书则不如无书"，这是因为书中的知识有时候会存在偏差或错误，这时就要敢于怀疑，大胆批判，及时纠正。

"书从疑处翻成悟",读书是为了发现问题,提出问题,解决问题。"学无止境,达者为师",在求学的道路上,获得的知识越多,面对的世界就越宽广。"博学等于无学",自认为学识渊博的人,其实并没有足够的学识,真正的学者常会抱着学无止境的态度,虚怀若谷。总之,人生路和求学路,同样悠远而深广,只有不断磨炼自我,砥砺自我,才能走向通达的境界。

七十五、虚心明理,实心却欲

心不可不虚①,虚则义理来居;心不可不实②,实则物欲不入。

▶ 注释 ◀

①虚:谦虚,不自满。②实:真实、执着。

▶ 译文 ◀

不可没有虚怀若谷的胸襟,虚怀若谷才能获得真学问;不能没有择善而从的执着,坚定意志才能抵挡物欲的诱惑。

点评

人类在漫长的进化之路上，积累了丰厚的文化知识，这是人和普通动物的最大区别。读书求学，就是为了把世代积累的经验和知识转化为属于自己的智慧，拥有了智慧则能明辨世间的是非黑白，善恶得失。

矛盾无处不在，无时不有，由此构成了纷繁的世界。虚和实便是一对矛盾，求学要虚心，虚心才能进步。面对诱惑，要坚定信念，予以抵制。身处纷扰的尘世，虚实结合，动静相宜，这是生存的智慧，也是智者的选择。

七十六、宽宏大量，胸能容物

地之秽者多生物，水至清者常无鱼。故君子当存含垢纳污①之量，不可持好洁独行之操②。

注释

①含垢纳污：比喻容忍他人的气度。②操：操守或志向。

译文

堆满了腐草的土地，才能滋养各种生物，过于清洁的河中反而没有鱼。所以，有德行的君子应有容纳他人的宽宏度量，不能自命清高，孤芳自赏。

点评

"水至清则无鱼，人至察则无徒"，立身处世要有容纳他人的气量，孤高自赏往往难以交到朋友，以致使自己处于孤立无援的地步。况且，世间没有绝对的真理，生活的空间也没有绝对的真空，而是泥沙俱下，正邪交错，善恶并存。所以，一个人要想有所作为，成就一番事业，就要有恢宏的气度，有容纳清浊的雅量。有时候，尽管小人很嚣张也很无理，但不妨一笑置之。

七十七、忧劳兴国，逸豫亡身

泛驾之马[①]可就驰驱，跃冶之金[②]终归型范[③]。只一优游不振，便终身无个进步。白沙[④]云："为人多病未足羞，一生无病是吾忧。"真确论也。

▶ 注释

①泛驾之马：性情凶悍不易驯服的烈马，比喻不守常规的志士仁人。②跃冶之金：熔化金属时流溅于外的部分，比喻不守本分而自我吹嘘的人。③型范：铸造用的模具。④白沙：明朝学者陈献章，广东新会人，隐居白沙里，世称白沙先生。

▶ 译文

奔驰的烈马经过驯养成为供人驾驭的好马，溅到熔炉外的金属被熔铸成可用之物。人只要落入游手好闲的地步，就不会有什么出息。白沙先生说："人有缺点不可耻，看不到缺点才令人担忧。"这真是至理名言。

▶ 点评

"忧劳足以兴国，逸豫足以亡身"，一个人要想成就事业，必须在艰苦的环境中磨炼心性，砥砺意志，才能担当"挽狂澜于既倒"的重任。"天将降大任于斯人也，必先苦其心志，劳其筋骨，饿其体肤……行拂乱其所为，所以动心忍性，增益其所不能"，只有历经尘世的磨难，才能成为栋梁之才。

日常生活中，那些经常自我吹嘘的人，大多是不自量力的浮浅之辈，难以禁受人生风浪的吹袭。《庄子》中有一则寓言故事，一个铁匠在熔铸兵器时，突然从熔炉中迸溅出一些金属液体对铁匠说："我该被熔铸成最好的宝剑。"后来，人们常用这些金属液体，比喻那些不守本分自我吹嘘的人。当然，犯了错误并不可怕，只要深刻反省不断进步，最终也会有益于社会。

七十八、一念贪私，万劫不复

人只一念[①]贪私，便销刚为柔，塞智为昏，变恩为惨，染洁为污，坏了一生人品。故古人以不贪为宝，所以度越[②]一世。

注释

①一念：一时的念头。《二程遗书》："一念之欲不能制，而祸流于滔天。"②度越：超越。

译文

人有一丝贪婪或偏私的念头，就会由刚直变为懦弱，聪明变为昏庸，慈悲变为残忍，高洁变为污浊，损坏了一生的品行。所以古人把不贪作为修身之宝，从而超越物欲度过一生。

点评

修养身心，最重要的是戒除私心杂念。贪心一动就会使良知泯灭，从而失去正邪观念，不能明辨是非。刚毅之气化为怯懦犹疑，智慧勇敢变成糊涂昏聩，仁慈之心变成刻薄寡恩，清白的品行由此受到玷污。这些转变都发生在一念之间。理学家王阳明讲究"致良知"，认为"良知无待他求，尽人皆有"，只是多被物欲所蒙蔽淹没。所以，不贪婪不偏私是做人的至宝，只有时时警惕，才能斩断心魔、克服自我。佛家说"时时需拂拭，莫使惹尘埃"，亦同此理。

七十九、不昧真心，抵制诱惑

耳目见闻为外贼①，情欲意识②为内贼。只是主人翁惺惺不昧③，独坐中堂④，贼便化为家人矣！

注释

①外贼：外在的侵害或诱惑。②情欲意识：内心的情感欲望。③惺惺不昧：警觉不昏聩。④中堂：房屋的中央。

译文

声色犬马，纸醉金迷，这是外来的盗贼；感情冲动，欲望横流，这是内心的盗贼。只要灵魂保持正直清醒，在堂中稳坐，言行端正，这些内外的盗贼都会变成修养品德的帮手。

▎点评

感官上的享受可以调剂身心,也可以腐化人性;情欲上的放纵可以创造人生,也可以毁灭生命。俗话说"六根不净,不能成佛",内在的欲望和外在的诱惑,是人一生中最可怕的敌人,稍一疏忽就会乘虚而入,使人沉沦苦海不能自拔。所以,我们要时时警惕,不要沦为声色犬马和情感欲望的奴隶,而要成为它们的主人,用浩然正气去创造更高的人生境界。

八十、稳守成业,以谋将来

图未就之功①,不如保已成之业②;悔既往之失,不如防将来之非。

▎注释

①未就之功:没有把握的事业。②已成之业:已经完成的事业。

▎译文

与其图谋没有把握的功业,不如保持已成的事业;与其追悔过去的过失,不如预防可能发生的错误。

▎点评

古语云"前事不忘,后事之师",这说明了鉴往可以知来的道理。过去、现在、未来,是时间长河中的一条线索。追忆过去反省自我,要好汉不提当年勇,深刻总结经验教训,方可作为现实的借鉴。认识现实把握当今,用汗水打湿脚下的大地,扎扎实实把握每一个机会。策划明天展望未来,不恐惧亦不妄想,做好迎接困难的心理准备。总之,勉力当今已成功业,方可更好谋划将来。

八十一、谨小慎微,过犹不及

气象①要高旷而不可疏狂②,心思要缜密而不可琐屑,趣味要冲淡而不可偏枯,操守要严明而不可激烈③。

▎注释

①气象：气度、气质。②疏狂：狂放不羁。白居易诗有"疏狂属少年"句。③激烈：偏激。

▎译文

气度要高远旷达，但不可狂放不羁；心思要细致周密，但不可杂乱琐碎；趣味要高雅清淡，但不可单调枯燥；节操要严正光明，但不可偏激失当。

▎点评

现实生活中，人们希望把每一件事做到最好，但其中的尺度却不容易把握，一不小心就会走过头，走向事物的反面。比如，为人处世气量宽宏是好事，但要谨防放任疏狂；节俭朴实是好事，但不要过于苛刻，以致生活缺乏情趣。此外，心思缜密容易流于琐碎，志向高洁容易流于偏激，这些都要引起我们的注意。行事不偏颇，言语不激烈，才算拥有了完美的品德。要下一番真功夫，才能达到这样的境界。

八十二、诸法皆空，唯有真我

风来疏竹①，风过而竹不留声；雁渡寒潭②，雁去而潭不留影。故君子事来而心始现，事去而心随空。

▎注释

①疏竹：稀疏的竹林。②寒潭：寒冷的河水。

▎译文

风吹过稀疏的竹林，发出声响，风过后竹林归于寂静；雁飞过寒冷的潭水，水面映出倒影，雁过后潭水归于平静。所以，君子临事才显本性，事过后内心就恢复平静。

▎点评

人们常说"雁过留声，人过留名"，但作者却提出了与之相反的观点。风吹过竹林，飘然而去；雁飞过寒潭，皓空远行。其间真意，颇富禅机，只有大觉悟才能领会。风来，竹与风因缘际会；风去，缘尽一切成空。假如风过而竹林不止息，那就不合自然之道，万世姻缘不空，诸法之相永存，宇宙虽大也难包容。可见，诸多法相皆虚幻，真谛全在于飘然而过不留痕迹。所以，君子常以随遇而安的心态度过漫长的光阴。事情来了就用心去做，事情过了就恢复寂静，以此保持纯真的天性不失。

八十三、君子之德，在于中庸

清①能有容，仁能善断，明不伤察②，直不过矫，是谓蜜饯不甜，海味不咸，才是懿德③。

注释

①清：清廉。②伤察：失于苛求。③懿德：美好的德行。

译文

清正廉洁的人有包容万物的雅量，心地仁慈判断敏锐，洞察秋毫而不苛求他人，性情正直而不过于矫饰，就像蜜饯虽然浸在糖里却不太甜，海中的鱼虾虽然含盐但不太咸，为人处世做到了恰如其分，便是高尚的美德。

点评

儒家讲究中庸之道，为人处世要不偏不倚，这是因为凡事都要适度，一旦过了度就会转变性质。清廉正直的人固然值得尊敬，但可能会因为矫枉过正而流于偏激。与之相反，宽宏大量的人尽管居心仁厚受人爱戴，但又不够果敢，遇到事情易犹豫。以上两种人显然都有很大的局限性，尽管人无完人，不可过于苛求，但聪明人应有足够的智慧来支撑精神，达到内心充盈，处世果断的境界。所以，我们应该极力发现自己的不足，为人处世保持不偏不倚的尺度，才算是拥有了美好的德行。

八十四、穷当益工①，勿失风雅

贫家净扫地，贫女净梳头，景色②虽不艳丽，气度自是风雅。士君子一当穷愁寥落③，奈何辄自废弛④哉！

注释

①益工：指在为人处世上，更加努力下功夫。②景色：指摆设、穿着。③寥落：寂寞不得志。吕温诗有"独卧郡斋寥落意，隔帘微雨湿梨花"句。④辄自废弛：一有事情就自暴自弃。

译文

贫穷人家经常把地扫得干净，贫家女子总是把头梳得齐整，虽然没有奢华的陈设，艳丽的装饰，却有一种自然朴实的风雅气质。有才识的君子，怎能因为一时的穷困忧愁或者受到冷落，就萎靡不振自暴自弃呢！

点评

穷人虽然身居茅屋，屋舍简陋，但人穷志不穷，立足于踏实的大地，有着简朴清正的气度，总把屋舍院落打扫得干净齐整，使精神愉快，培养出崭新的气象。贫家子女，虽然穿粗布衣服，却有一种天然的风韵，洗练的姿态。有的读书人却修养不够，稍不如意就怨天尤人，整天垂头丧气萎靡不振，如此下去，就会走向堕落的深渊，难有远大的前程。通过贫家子弟的风情雅致，来看士人君子的自甘堕落，形成了精神世界的鲜明对比，作者以此告诫读书人要努力提升自我，充盈内心的力量，不要一遇到事情就自甘堕落。

八十五、未雨绸缪①，有备无患

闲中不放过，忙处有受用②；静中不落空，动处有受用；暗中不欺隐，明处有受用。

注释

①未雨绸缪：比喻凡事都要事先做好准备。绸缪，缠绕、缠绵。②受用：得到好处。《朱子全书》："认得圣贤本意，道义实体不外此心，便自有受用处耳。"

译文

闲暇时不让时光轻易流过，抓紧时间做准备，忙的时候自然会有用；平静时不让心灵空虚,遇到变化的时候就能应付自如;没有人看见的时候也不做坏事,在众人面前自然会受到尊敬。

点评

"闲中不放过,静中不落空",这是一种较为完善的生活境界,也是日常生活中的自我砥砺。在暴雨来临之前就修缮房屋做好准备,才不会有淋雨的尴尬。古往今来,路途漫漫。那些驰骋于疆场的名将,常能举重若轻出入于生死之地,悠然自得而不慌忙,这是因为谙熟兵法胸怀韬略。而"平时不烧香,急来抱佛脚"则是不可取的人生态度,虽说"临阵磨枪,不快也光",但毕竟不如日常潜心积累实力雄厚。"天行健,君子自强不息",在生活中保持一种毫不懈怠,兢兢业业的勤劳状态,是我们应该做到的。

儒家讲究"君子不欺暗室",其实是说品德修养中的"慎独"功夫。夜深人静时,不能因为无人看到而做鸡鸣狗盗之事。即便有黑夜的遮掩,却只能遮掩一时,不能掩饰长久,劣行一旦暴露就会难以做人。所以,君子应该居心光明,犹如青天白日,俯仰无愧于天地,堂堂正正挺起胸膛做人。

八十六、念头起时,切莫放过

念头起处,才觉向欲路①上去,便挽②从理路上来。一起便觉,一觉便转,此是转祸为福,起死回生的关头,切莫轻易放过。

注释

①欲路:指贪求物质、情欲之路。②挽:牵引,拉。

译文

念头刚刚产生,一发觉是贪心邪念,便用理智将它拉回正道。邪念一起就警觉,一发觉就转回,这是转祸为福,起死为生的重要关头,千万不能轻易放过。

点评

当人生路走到了关键时刻,是非成败往往在一念间。一失足成千古恨,再回头已百年身。先儒有"穷理于事物始生之际，研机于心意初动之时"的名言，就是要告诫人们必须拿出勇气和毅力去和私心杂念做斗争，在物欲横流的关头，当机立断把欲念扭转到正常的道路上，而不是放任自流。在这一念之间，生死祸福的命运已全然不同，能斩断一时的欲念，便算是控制了自我，摆脱了命运的安排，所以，人在善恶正邪之间千万不可忽视。

八十七、宁静淡泊，观心证道

静中念虑澄澈①，见心之真体②；闲中气象③从容，识心之真机；淡中意趣冲夷④，得心之真味。观心证道，无如此三者。

注释

①澄澈：指河水清澈，可以见底。②真体：指人的本性。③气象：指气度、气概。④冲夷：冲淡平和。

译文

清静时，心绪如同秋水，以此窥见个体的本性；闲暇中，气度舒缓和畅，以此发觉心中的玄机；淡泊时，意态从容淡泊，以此获取内心的真趣。通过观察内心体验大道，没有比这更好的方法了。

点评

心如止水,一尘不染,便无妄念侵袭。这是人的本性使然,即作者所说的"真体"和"真机"。当一个人的内心十分悠闲时,便会从容不迫,不管考虑什么问题,都容易发现其中的奥妙。当一个人身处淡泊的情怀,自然会心潮涌动如流水,没有任何东西可以掩盖。"静中念虑澄澈","闲中气象从容","淡中意趣冲夷",便能见真体,识真机,得真趣,以上三种,实为观察内心、体悟大道的不二法门。诸葛亮用"宁静以致远,淡泊以明志"来提醒自己教育子孙,就是以此磨炼淡泊的胸怀和恢宏的气度。

八十八、静从动来,苦中有乐

静中静非真静,动处静得来,才是性天①之真境;乐处乐非真乐,苦中乐得来,才是心体之真机。

注释

①性天:天性、本性。《中庸》:"天命之谓性。"是说人性是上天所赋予的。

译文

在寂静中所得的宁静,不是真正的宁静,在喧嚣中获取的宁静,才是自然淳朴的真境界;欢乐时所得的乐趣,不是真正的乐趣,在艰苦的环境中获取的乐趣,才是合乎本性的真快乐。

点评

俗话说"动中有静,苦中有乐",作者所论颇为符合朴素的辩证法思想。远离尘世隐遁于深山幽谷,固然可以获得宁静,但这种宁静并非真正的宁静。身处喧嚣的闹市甚至在枪林弹雨的环境中,仍能保持一颗平淡之心,才是真正的宁静。同样,丰衣足食的富贵生活自会生活愉悦,但这并非真正的快乐,在饥寒交迫的境遇中还能自得其乐,才算是心体成真的快乐。所以,一个人对生活的感受,不在于环境而在于心境,在充满竞争的社会,无论环境如何恶劣,我们都要保持一颗悠然之心。

八十九、舍己勿处疑，施恩勿望报

舍己①勿处其疑②，处其疑即所舒之志多愧矣；施人勿责其报，责其报并所施之心俱非矣。

▶ 注释

①舍己：牺牲自己。②勿处其疑：不要犹疑不决。

▶ 译文

既然要做自我牺牲，就不要内心犹疑不决，犹疑不决就会使自我牺牲的志向大打折扣；既然要施恩于人，就不要责求对方回报，责求对方回报就会使乐于助人的好心变质乏味。

▶ 点评

"舍己为人"、"施恩不望报"，这是中华民族的传统美德。在这样的文化背景下，当一个人为国家或社会或他人做出了奉献的时候，千万不可计较太多利害得失或事后懊悔，不然就会前功尽弃，甚至转利为害，引发人们的怀疑和否定。作者所说，其实是提醒人们在做出取舍之前，一定要深思熟虑，做出决定就坚决执行，千万不可动摇当初的想法。如果想利用做善事来欺骗别人，达到不可告人的目的，这样做只能算是伪善，一旦被撕下虚伪的面孔，就会暴露自己的丑行。

九十、厚德积福，逸心补劳

天薄我以福①，吾厚吾德以迓②之；天劳我以形，吾逸吾心以补之；天厄③我以遇，吾亨④吾道以通之。天且奈我何哉？

▶ 注释

①薄我以福：倒装句，应为"以福薄我"。薄，减轻。②迓：迎受。③厄：困厄，压抑。《汉书·元帝纪》："百姓仍遭凶厄。"④亨：通达。《易·坤》："品物咸亨。"

译文

上天不肯给我福分，我就行善培养福分，以此迎接命运；上天使我劳乏，我就保养身心颐养天年；命运使我陷于困窘，我就开辟道路打通困境。做到了上面几点，上天又能对我怎样呢？

点评

天命难测，路途坎坷，面对纷扰的尘世，生命该如何抉择？是自暴自弃，还是奋然反抗？命运不会对每一个人都公平，俗话说"天助自助者"，即便起点较低处于卑微的困境，也不可放弃进取的精神，要怀着理想和信念去拼搏。"天道无私，常与善人。"与，帮助。善人，自强不息的人。在不公平的命运面前，只有自强不息，锐意进取，总能挽回坎坷的命运，获得较理想的生活。

九十一、天机最神，智巧何益

贞士①无心徼福②，天即就无心处牖③其衷；憸人④着意避祸，天即就着意中夺其魄。可见天之机权⑤最神，人之智何益？

注释

①贞士：意志坚定的人。②徼福：徼，同"邀"，祈求。③牖：窗户。④憸人：行为不正的人。憸，邪妄。⑤机权：天地之气的运作变化。

译文

志向坚定的人虽然无心求福，上天却无意间帮他完成心愿；阴险邪恶的人虽然极力避祸，上天却在他着意处夺走其魂灵。由此可见，天机是极其玄妙的，人类的智慧有什么用呢？

点评

宇宙浩渺，星空无限，面对大自然的鬼斧神工，人类的智慧和灵巧实在不值一提。所以有哲人说："人类一思考，上帝就发笑。"然而，在人类社会，个人的生死富贵、是非善恶，并不是全由天命所决定。君子立身处世，只求正直坦荡，奋力进取，毫无愧人愧己的心思，便可获取无尽的福报。俗话说"人算不如天算"，一心算计他人的小人，因为心术不正，当然少不了"天道好还"的报应。

九十二、人生晚景，最为重要

声妓①晚景从良②，一世之烟花③无碍；贞妇白头失守，半生之清苦俱非。语云："看人只看后半截。"真名言也。

注释

①声妓：泛称风尘女子。②从良：古代妓女隶属乐籍，被称为贱业，她们嫁到普通人家，就是从良。③烟花：指妓女生涯。

译文

歌妓舞女在晚年时嫁人从良，那么过去的风尘也没什么妨害；坚守节操的妇女，如果在晚年耐不住寂寞而失身，那么前半生的清苦守节都白费了。俗语说："看人只看后半截。"这确实是至理名言。

点评

中国的传统文化，最看重晚节。一旦晚节不保，就会遭致众多的非议。尽管有很好的出身也会前功尽弃，成为自毁名节的劣迹。少年汪精卫冒死刺杀清室大臣摄政王，被俘后写了"引刀成一快，不负少年头"的名句，后来跟随孙中山革命建立了不少功勋，抗战时却叛国投敌，最终落得了汉奸的骂名。

俗话说"浪子回头金不换"，"苦海无边回头是岸"，这都强调了一种精神，即不论人是怎样失足堕落的，只要能洗心革面，就能得到世人的原谅，甚至钦佩他们的毅力和勇气。可见，传统文化观念里，一个人的晚节甚为重要，恐怕也是"盖棺论定"的道理所在。

九十三、积德行善，不恋权贵

平民肯种德①施惠，便是无位的公相②；士夫③徒贪权市④宠，竟成有爵的乞人。

注释

①种德：积德行善。②公相：公卿将相。③士夫：士大夫。④市：买卖。

译文

平民百姓如果能够广积恩德，便是没有名位的公卿相国，受到世人景仰；达官贵人如果一味争权贪名，就成了拥有爵位的乞丐，受到人们唾弃。

点评

品格，常常彰显出一种特殊的力量。不论平民还是显贵，有了一定的品格，就有了内心的精神支柱，不会汲汲于名利，狗苟蝇营于尘世。那些贪恋权位而无所不为的人，即使积累了钱财却失去了人格，必然遭到人们的唾弃。广施恩德的人，即便没有官位，也会因为人品的高洁，受到众人的敬仰。

九十四、祖宗德泽，吾身所享

问祖宗之德泽①，吾身所享者是，当念其积累之难；问子孙之福祉②，吾身所贻③者是，要思其倾覆之易。

注释

①德泽：功德与恩泽。②福祉：福气。③贻：遗留。

译文

如果问祖先留下什么恩泽，要看现在所享福气的厚薄，应当感念祖先积累的艰辛；如果问后代将会享受福气的厚薄，要看我们所留下的恩泽，还要认识到家业是很容易衰败的。

点评

祖先的功德和恩泽，可从我们身上所享的福气体现出来。创业艰辛，不论是家业还是国土，如果不善加利用和维持，就有倾家荡产、亡国灭种的危险。子孙后代所受的福气，从我们现在所积累的功业开始。如果不能勤劳创业，子孙后代就没有成业可守，仍然要辛苦谋生。此外，创业是艰难的，而衰败则很容易。这不可不引起我们的警惕。

九十五、君子诈善，无异小人

君子而诈善①，无异小人之肆恶②；君子而改节③，不及小人之自新。

注释

①诈善：虚伪的善行。②肆恶：无恶不作。③改节：改变节操，自甘堕落。

译文

身为君子却有伪善的恶行，这与小人的作恶多端没什么两样；身为君子而放弃志向落入浊流，那还不如改过自新的小人。

点评

俗话说"明枪易躲，暗箭难防"，社会上有很多貌似忠厚的伪君子，口口声声宣扬仁义道德，其实却是男盗女娼，做起事来施展阴谋诡计，比真小人更具有欺骗性和危险性。尤其是一些假借"慈善"的名义，背地里收敛钱财的个人或团体，更是常见。生活中一定要提防这样的情况。与之相比，改过自新的小人，远离喧嚣中的罪恶，而淡泊世事，施展恩德于人，这比那些伪君子强多了。

九十六、春风解冻，和气消冰

家人有过，不宜暴怒，不宜轻弃。此事难言，借他事隐讽①之；今日不悟，俟②来日再警之。如春见解冻，如和气消冰，才是家庭的型范③。

注释

①隐讽：婉转劝人改过。②俟：等。③型范：典型模范。

译文

家人有了过错，不能随便发脾气，也不应轻易放弃。如果不好直说，可以提醒暗示，使之改正；今天不能醒悟，过些时候再耐心劝告。就像春风化解冻土，和气融化冰冻，才是处理家事的典范。

点评

俗话说"良言一句三秋暖，恶语伤人六月寒"，批评他人要婉转相劝，对待家人更要如此，不可恶语相向。常见暴跳如雷的家长，信奉"棒下出孝子"的古训，对待子女非打即骂。然而，"家暴"式的教育，很难起到良好的效果，反使子女受到心灵的戕害。同样，对待子女的教育不闻不问，任其自生自灭，进行"放羊式"的管理，显然也是不合格的。有的家长对待子女的过失循循善诱，如同春风化雨，通过身体力行，使子女得到好的教导。这是最可取的教育方式。

九十七、看得圆满，放得宽平

此心常看得圆满，天下自无缺陷之世界；此心常放得宽平，天下自无险恻①之人情②。

注释

①险恻：邪恶不正。②人情：人的情欲。《礼记·礼运》："何谓人情？喜、怒、哀、惧、爱、恶、欲，七者弗学而能。"

译文

如果内心是圆满的，天下自然变得美好而无缺陷；如果内心是宽厚的，世界就没有险恶莫测的人情。

点评

待人接物若有一颗赤子之心，眼中的世界就会变得澄澈而光明，俯瞰天地万物，处处鸟语花香。人们常说孩子眼里的世界最纯粹，这是因为孩子拥有天真无邪的内心，与世无争。然而，在现实生活中，人情反复似波澜，险恶的小人总是在背后算计他人，以牟取私利。可见，世间的一切罪恶，大多起源于赤子之心丧失后的利害关系。因为名利权位，人们不断争夺，不顾黑白不择手段，世界由此变得驳杂而荒芜。

九十八、淡泊处世，不露锋芒

淡泊之士，必为浓艳者①所疑；检饰②之人，多为放肆者所忌。君子处此，固不可少变其操履③，亦不可太露其锋芒④。

注释

①浓艳者：身在富贵权势中的人。②检饰：自我约束谨言慎行。③操履：坚持操守身体力行。陆游诗有"岂唯能文辞，实亦坚操履"句。④锋芒：比喻人的才华和锐气。

译文

淡泊名利而有才华的人，必然受到热衷名利之人的猜疑；俭朴谨慎有才德的人，往往受到邪恶小人的嫉恨。坚守正道的君子，固然不应因此而改变操守，但也不能过于显露锋芒。

点评

人性是有弱点的，体现在生活的各个方面。有才德的人，处在容易招人嫉恨的环境，往往受到小人的排挤和诽谤，这时就要韬光养晦，切忌锋芒毕露。很多人不明白这个道理，尤其是那些奋发向上的年轻人，以为张扬个性就是美德，再加上受到一些误导,难免注意不到人际关系的复杂和险恶。往往遭受好事之徒的嫉恨,甚至造谣中伤。因为这类的事闹纠纷,甚至丢了饭碗,在生活中也是常见的。"树大招风","出头的椽子先烂",这些哲理名句值得我们深思。在非正常的环境,有才德的人要想有所作为,就要不露痕迹,暗中积蓄力量,方能为社会贡献一己之力。

九十九、逆境砥砺,顺境消磨

居逆境中,周身皆针砭药石①,砥节砺行②而不觉;处顺境内,眼前尽兵刃戈矛,销膏靡骨③而不知。

▎注释 ▎

①针砭药石:指砥砺自我奋发有为的良方。针砭,用石针治病的方法。药石,泛称药物。②砥节砺行:磨炼节操和行为。③销膏靡骨:消磨身心无所事事。

▎译文 ▎

身处逆境,所接触的全是治疗自我的良药,不知不觉磨炼了意志和品德;身处顺境,眼前所见都是无形的刀枪戈矛,不知不觉消磨人的意志,让人走向堕落。

▎点评 ▎

环境对个体的发展,起着至关重要的作用。处于清苦冷静的环境,就像在周围放置了治疗身心的良药,进而砥砺精神,磨炼意志,培养品德,促进我们奋发向上成就事业。相反,人在富裕悠闲的环境中容易腐化堕落,不知不觉销蚀了雄心壮志,最终一无所成。"自古英雄多磨难,从来纨绔少伟男",虽说不是绝对正确,但也有它的道理。

一〇〇、恣肆弄权,自取灭亡

生长富贵丛中的,嗜欲①如猛火,权势似烈焰。若不带些清冷气味,其火焰不至焚人,必将自烁矣。

注释

①嗜欲：放纵欲望，不加控制。

译文

生长在富贵之家，欲望勃发如猛火，威福权势如烈焰。若不时时寻些清冷的气味，即使不被权欲之火焚毁，也必然被灼伤。

点评

俗话说"欲海无边"，生于富贵之家，养尊处优，要风得风要雨得雨，容易形成不良的习惯。欲望像烈火，气焰逼人，不加控制就会伤害别人，也会灼伤自己。通过什么控制欲望呢？作者所言"清冷气味"，指的其实就是理智。欲望如火，理智如水。用理智去克制欲望，修身养性以清心寡欲，就不会随心所欲为非作歹，远离声色犬马情天恨海。可见，个人的道德修养很重要，有了一定物质基础，更应培养高尚的情操，冷却情欲的火焰，达到长远存在的目的。

一〇一、精诚所至，金石为开

人心一真，便霜可飞①，城可陨②，金石可镂。若伪妄之人，形骸③徒具，真宰④已亡，对人则面目可憎，独居则形影自愧。

注释

①霜可飞：夏季飞霜。比喻至诚感动上天。②城可陨：城墙崩坏倒塌。③形骸：人的形体躯壳。④真宰：主宰万物的苍天，这里指人的精神。

译文

人心若能至诚可以感动苍天，盛夏之日飞霜，哭声推倒城墙，金石可以雕镂。若是心存虚伪念头邪恶，不过徒具形骸，灵魂早已死去，由于心术不正令人讨厌，独居时面对影子也觉万分羞愧。

点评

至诚之心，常常拥有伟大的力量，可以惊天地泣鬼神。有了至诚之心，就打开了善良之门，有了修身养性的基础。邹衍一心尽忠，燕惠王却听信谗言，将他下到狱中，于是上天为他在夏季降霜。由于悲痛丈夫战死，孟姜女竟然哭倒了城墙。古今中外的神话传说，描写了很多超现实的事迹，也许是后人附会，目的无非是强调"至诚感天"。与之相比，生活中那些两面三刀、虚情假意的小人，就显得格外可怜又可鄙。他们徒然拥有人的躯体，灵性早已丧失，虽然玩弄权术得意一时，终究会受到世人的唾骂和良心的谴责。

一〇二、文章极处，只是恰好

文章做到极处①，无有他奇，只是恰好；人品做到极处，无有他异，只是本然②。

注释

①极处：极点，指登峰造极的最高境界。②本然：本性，本来面目。

译文

写文章到了最高境界，没有特别奇妙的地方，只是把内心所想恰好表述而已；品德到了最高境界，没有特别出众的地方，只是使精神回归本性而已。

点评

诗人李白提出过"清水出芙蓉，天然去雕饰"的创作原则。写文章不矫揉造作和无病呻吟，忠实表述内心所感所想，就有可取之处。追求所谓的辞藻和机巧而缺乏真情实感，必然是苍白无力的。天真的婴儿惹人喜爱，是因为一举一动都是出于纯真的本性。有人说"不作死就不会死"，若是为人做事矫揉造作，就会给人虚伪巧诈的感觉，难有好印象。平平淡淡才是真，修养到了一定境界，就是纯真自然、与世无争。假如每个人都有一颗赤子之心，就会少有作奸犯科的行为发生。因此，我们提倡说老实话，办老实事，做老实人。

一〇三、世相①本体②，天下重任

以幻境③言，无论功名富贵，即肢体亦属委形④；以真境⑤言，无论父母兄弟，即万物皆吾一体。人能看得破认得真，才可以任天下之负担，亦可脱世间之缰锁⑥。

注释

①世相：指社会现象及世态人情。②本体：指事物的本来面目。③幻境：虚幻的境界。④委形：自然所赋予的形体。⑤真境：形而上的超物质世界。⑥缰锁：缰绳和链锁，比喻牵制、束缚。

译文

就物质生活而言，不论功名富贵，甚至躯体皆为上天所赐；就客观世界而言，不论父母兄弟，即便天地万物也统属一体。人若能洞察虚幻，认清永恒，就能担负天下的使命，只有这样才能摆脱世间的名缰利锁。

点评

就本质而言，社会由人构成，体现了人与自然万物的关系。当纯真的本性受到物欲的诱惑，人就不再是精神的主宰，而沦为物质的奴隶。纵观人世，大多数人的心灵是被欲望所操纵的，是被名利所锈蚀的。然而，越是贪图物质上的享受，内在的精神世界越空虚。只有"明心见性，返璞归真"，才能树立正确的人生观和价值观，摆脱外物的束缚和拖累，培养高尚的情操，担负造福人类的重任。

一〇四、凡事留余地，五分便无悔

爽口①之味，皆烂肠腐骨②之药，五分便无殃；快心之事，悉败身丧德之媒，五分便无悔。

注释

①爽口：清爽可口。②烂肠腐骨：强调山珍海味吃得过多，以致伤害肠胃，并非指吃了好东西会使骨头腐烂。

译文

美味可口的山珍海味，其实是伤害肠胃的毒药，控制住吃个半饱就不会伤害身体；世间称心如意的好事，其实是使人身败名裂的媒介，只是差强人意就不会造成恶果。

点评

"病从口入，祸从口出"，人之所以会生病，多半由于饮食不当。身体的机能在于保持均衡，少饮多餐才是养生之道。"少吃多得胃，多吃活受罪"，这确是经验之谈。很多人遇到可口的美味，就不顾一切拼命多吃，结果把肠胃吃坏，自然会受病痛之苦。所以，人要注重养生，面对美食适当控制，营养不良固然不行，吃得太多也绝非好事。做人的道理也是这样。当一个人没有欲望时，生活会单调枯燥，没有活力；欲望太多又不能控制，生活就会处处充满危险。

一〇五、宽以待人，趋利避害

不责人小过，不发人阴私①，不念人旧恶②。三者可以养德，亦可以远害。

注释

①阴私：指隐秘不可告人的事。②旧恶：以往的过失。

译文

不指责他人的小错误，不揭发他人的私生活，不计较他人以往的过错。这三条是做人的原则，可以培养品德，也可以避免灾祸。

点评

指责他人所犯的些微小错，容易造成人际交往的不和谐，所以要有"大而化之"的胸怀。日常生活中，最常犯"责人小过"的人是婆婆，因此常有婆媳冲突。有些人做事不利索，总是拖泥带水，忸怩造作，称之为"婆婆妈妈"。至于背地议论长短，揭露他人隐私，就成了道德和人品问题，有时会惹来意外灾祸。报纸上登载的凶杀案，有很多是因为揭发他人隐私造成的。此外，对于别人以往的过失，只要洗心革面改过自新，就不必耿耿于怀。常怀宽恕之心，方可趋利避害。总之，不责人小过，不揭人隐私，不念人旧恶，这是我们在生活中要格外注意的戒条。

一〇六、身不可轻，心不可重

士君子持身①不可轻②，轻则物能扰③我，而无悠闲镇定之趣；用意不可重，重则我为物泥④，而无潇洒活泼之机。

▶ 注释

①持身：为人做事的态度和原则。②轻：轻浮。③扰：困扰。④泥：拘泥。

▶ 译文

才德兼备的君子，待人接物不可轻浮，轻浮就会受到外物困扰，丧失悠闲宁静的趣味。才德兼备的君子，处理事情不可顾虑太多，顾虑太多就会为外物束缚，失去潇洒活泼的生机。

▶ 点评

持身不可轻，用心不可重，可以看成是对人性的磨炼。做事不可鲁莽急躁，否则会欲速则不达，预想的效果达不到，还把生活搞得一团糟。危难时保持悠闲镇定的气质，这种沉着潇洒出于后天的修持。考虑事情时，不可顾虑太多，前怕狼后怕虎，就会丧失成功的机会。"秀才造反，三年不成"，说明了这个道理。

一〇七、人生无常，怎可虚度

天地有万古①，此身不再得；人生只百年，此日最易过。幸生其间者，不可不知有生之乐，亦不可不怀虚生②之忧。

▶ 注释

①万古：万代，泛指永恒的岁月。②虚生：徒然活着，虚度一生。

译文

天地运行万古不变，人的躯体不能再得；人生不过百年，每天的光阴最易挥霍。侥幸诞生在天地之间，不可不知生活的乐趣，不可蹉跎岁月虚度一生。

点评

"百年三万六千日，蝴蝶梦中度一春。"天地悠悠亘古不变，人的生命长则不过百年，短则数十寒暑。生命是短暂的，也是唯一的。认识到了这一点，就会更加热爱生命。唐代陈子昂《登幽州台歌》："前不见古人，后不见来者。念天地之悠悠，独怆然而涕下。"人生如春梦无痕，转瞬就会逝去，怎不令人悲叹呢？"天地有万古，此生不再得。人生只百年，此日最易过。"什么样的人生最有意义？就像毛主席所说"一万年太久，只争朝夕"，只有积极进取，投身于伟大的事业，才能充分实现生命的价值。

一〇八、德怨两忘，恩仇俱泯

怨因德彰①，故使人德我②，不若德怨之两忘；仇因恩立，故使人知恩，不若恩仇之俱泯③。

注释

①彰：明显。②德我：对我感激。③泯：泯灭、消除。

译文

怨恨由于行善而彰显，可见行善不能面面俱到，与其要人赞美，不如把赞美和埋怨都忘掉。仇恨由于恩惠才产生，恩惠既然不能普遍施与，与其施恩而望人回报，不如把恩惠与仇恨都忘掉。

点评

在人世间，爱和恨是交织在一起的。有爱就有恨、有恩就有仇，所以，由爱生恨、以怨报德的事时常发生。不想让人怨恨自己，最好不让他人感念自己的恩德。任何事情都有正反两面，以矛盾的对立双方而出现。有人说好就有人说坏，有人称赞就有人毁谤。为人处世，很难八面玲珑面面俱到。要从全局来着眼恩怨，不能局限于少数人的私仇。只要俯仰无愧心有所安，市井小人的批评是不足计较的。

一〇九、持盈履满，君子兢兢

老来疾病，都是壮时招的；衰后罪孽，都是盛时造的。故持盈履满①，君子尤兢兢②焉。

▍注释 ▍

①持盈履满：指事业发展到鼎盛时期。盈，丰富。②兢兢：小心谨慎。

▍译文 ▍

晚年体弱多病，是年轻时不注意身体招来的；失意后人有刑罚缠身，是得意时贪赃枉法造成的。因此，有修养的君子，即使事业发展到巅峰，仍然处事小心谨慎，兢兢业业。

▍点评 ▍

常言道"得意勿忘失意日，上台勿忘下台时"，春风得意时要多做好事多积德，以免下台后留下官司缠身。俗话说"种瓜得瓜，种豆得豆"，意思是今天的"因"往往成为明天的"果"。做事只图一时痛快，难免带来无尽的痛苦。人生有如白云苍狗，世事变幻无常。"三十年风水轮流转"，"十年河东，十年河西"，今天做老板，明天做伙计，甚至成为阶下囚，甚至落得千古骂名。

一一〇、却私扶公，修身养德

市私恩①，不如扶公议②；结新知，不如敦旧好；立荣名，不如种隐德；尚奇节，不如谨庸行③。

▍注释 ▍

①市私恩：施恩于人是为了私心。②扶公议：争取社会舆论。扶，扶持或争取。

③庸行：平凡的行为。

译文

施惠于人是为了私心，不如做些社会公益；结交新朋友，不如重修老友间的交情；沽名钓誉，不如暗中行善积阴德；标新立异制造名节，不如谨言慎行做些平凡的好事。

点评

有些做官的人为了显示政绩，往往搞一些形象工程，是否符合当地百姓的切实需要，是否产生足够的经济效益，往往值得商榷。如果不经意间为百姓做了点好事，就大张旗鼓肆意宣传，唯恐天下人不知。这种伪君子比真小人更可恨，虽然他们也做了点好事，但出发点是为了自己的政治名声，而不是真心为人民谋福利。尽管表面上标榜清正廉洁，但当真正有冤的民众千里求救，却被敷衍了事随意打发。这种不知积德的小人，任何虚伪的标榜都只能增加民众的不屑与怨恨。

———、勿犯公论，勿谄权门

公平正论①，不可犯手②，一犯则贻羞万世；权门私窦③，不可著脚④，一著则沾污⑤终身。

注释

①公平正论：公序良俗。②犯手：触犯。③私窦：营私舞弊的场所。④著脚：踏进去。⑤沾污：玷污，指名誉受损。

译文

大众认可的规范，绝对不可触犯，一旦触犯就会遗臭万年；权贵营私的场所，不可踏进一步，一旦进去就玷污了终生的清白。

点评

公序良俗是大众认可的道德规范，除非有更高的民众利益追求，千万不可犯，一旦触犯就会受到舆论的谴责和民众的攻击。自由很可贵，但它从来都是相对的，而不是绝对的。那些以身试法铤而走险的人，终究难逃道德的谴责和法律的严惩。有操守讲气节的人，宁可穷死也不走后门依附权贵，因为阿谀奉承的言行实在可悲。尤其是权势之家，必然是气焰嚣张，往往使人受尽侮辱。"一失足成千古恨，再回头已百年身。"如果为了升官发财而暗中行贿，清白的人格就受到了玷污，终身也难以洗清。

一一二、直躬不畏忌，无恶不惧毁

曲意①而使人喜，不若直躬②而使人忌；无善而致人誉，不若无恶而致人毁。

注释

①曲意：委曲意愿去奉承别人。②直躬：刚正不阿的行为。

译文

与其委屈自己博取他人的欢心，不如刚正不阿言行坦荡而遭受小人的嫉恨；与其没有善行而接受他人赞美，不如没有恶迹而遭受小人的毁谤。

点评

"龙生九子，各有不同。"由于性格各异，人们做事的方式也不尽相同。有的人喜欢曲意逢迎，不做好事；有的人喜欢直言不讳，不做坏事。有的人内心狭隘不求上进,看到别人比自己强,就生嫉恨之心,于是造谣生事以满足私欲。有的人处世圆滑,从不做过头的事,虽然不做坏事,却也不做好事,这种人生最无意义。至于那些为了博取善名而欺世盗名的人,其丑陋的行为终究会被揭穿。只有内心坦荡行为端正的人,其壮志豪情堪比日月光明,才敢于坚持自己的主见,不怕无知小人的嫉恨与诋毁。

一一三、从容处变,劝谏得失

处父兄骨肉之变①,宜从容②不宜激烈;遇朋友交游之失,宜剀切③不宜优游。

▶ **注释**

①骨肉之变:骨肉至亲之间的家庭遽变。②从容:镇静而不慌乱。③剀切:切实。

▶ **译文**

父母兄弟或骨肉至亲发生纠纷,应该沉着冷静,不可感情冲动而采取激烈言行;朋友犯了过失,应该诚恳规劝,不可看着他错下去。

▶ **点评**

父母兄弟虽是骨肉至亲,但对家人的事不能感情用事,家人犯了错误要做到不偏袒,耐心开导使之领悟。若是家里发生人伦惨变,也要强忍悲痛的心情,保持从容冷静,才能把事情处理得当,绝不可以言辞激烈把事情弄糟。朋友虽是知己,但对朋友的事不能意气用事,尤其是当朋友犯了错误,不要任其自然,而要良言规劝。做任何事都要坚持原则,不能纵容他人,从而避免纠纷。这就是处世的艺术。

一一四、大小得当,真正英雄

小处不渗漏①,暗处不欺隐,末路不怠荒②,才是个真正英雄。

▶ **注释**

①渗漏:水的侵蚀和滴漏,比喻做事粗疏。②怠荒:懒惰颓丧。

译文

做事情必须小心谨慎,在细微之处也不可粗心大意;在没人的地方,也不可以做见不得人的事;穷困潦倒不得意时,不要忘掉奋发上进的雄心壮志,这样的人才算英雄好汉。

点评

俗话说"做大事不拘小节",作者用"小处不渗漏,暗处不欺隐,末路不怠荒"三点,说明为人处世尤其要注重小节。英雄豪杰常犯的错误就是不拘小节,总希望能"大而化之"。其实,鲁莽的人算不得英雄,经不起挫折的人也算不得英雄。真正的英雄,能够大处着眼,小处入手,经过各种考验,不断走向成功。事业的成败得失,往往在于不为人知的细节,"千丈之堤,毁于蚁穴",就是"小处有渗漏"而铸成大错的典例。鲁迅诗"无情未必真豪杰,怜子如何不丈夫",这说明真正的英雄往往有勇有谋、有粗有细、有理有节。

一一五、爱重反为仇,薄极反成喜

千金①难结一时之欢,一饭②竟致终身之感,盖爱重反为仇,薄极反成喜也。

注释

①千金:泛指很多金钱或大的恩惠。②一饭:指请人吃饭的恩惠。

译文

话不投机,即使拿出千金的赏赐,也难打动对方;假如有良心而又重恩情,即使一顿饭的恩惠,也会心存感激不忘回报。爱一个人到了极点,一不小心就会翻脸成仇;平日不重视的人,施与一点小惠,他们就会受宠若惊。

点评

"锦上添花易,雪中送炭难。"帮助别人不在于钱财的多少、物品的贵贱,而在于时机是否恰当,对方是否愿意接受。韩信落魄时,河边洗衣的老婆婆管他吃了几顿饭。韩信后来不忘回报,找到老婆婆赠予千金。假如双方话不投机,即使再多的金钱也无法博取好感，三国时关羽不接受曹操的笼络而"封金挂印"就是如此。

帮助他人要讲究方式，只要恰到好处，就会赢得对方的感激而终身不忘。对于敏感的人，公开的帮助也许使他难堪，就要暗中进行，以照顾他的自尊心；对于豁达的人，可以公开帮助，以使他树立信心。当他人的生活发生困难时，可以接济他；当他人不得意时，可以安慰他；当他人取得成绩时，可以祝贺他。由此体现友情的温暖与可贵。

一一六、藏巧于拙，寓清于浊

藏巧于拙，用晦①而明，寓清于浊，以屈为伸，真涉世之一壶②，藏身之三窟③也。

▶ 注释

①用晦：隐藏才能，不使外露。②一壶：壶，指匏，体轻能漂浮于水上，又称"腰舟"。古人渡河时，往往把匏绑在身上，翻船时就靠它救命。③三窟：狡兔三窟，比喻多种安身避祸的方法。

▶ 译文

做人宁可笨一点，也不可太聪明；宁可收敛一点，也不可锋芒毕露；宁可随和一点，也不可自命清高；宁可退缩一点，也不可过于进取，这是立身处世的救命法则，是明哲保身所用的狡兔三窟。

▶ 点评

老子《道德经》说"大智若愚，大巧若拙"，是说真正有智慧的人，平时是不显露锋芒的，只在危急关头起作用。拥有智和巧，懂得愚和拙，就是领悟了进退取舍的关键，有了实现自我和保全自我的能力。"中流失船，一壶千金"，是说平时不值钱的小物件，在紧要关头就价值千金，甚至成为救命的法宝。一个人要想拥有藏身的三窟，作为度世的安全之道，就要韬光养晦、藏巧于拙。在污浊的社会环境中保持自身的纯洁，要能出污泥而不染。

一一七、盛极必反，剥极必复

衰飒①的景象就在盛满中，发生的机缄②即在零落③内；故君子居安宜操一心以虑患，处变当坚百忍以图成。

注释

①衰飒：比喻事物的衰败景象。②机缄：机关开闭的关键，这里指运气变化的紧要关头。③零落：指人事的衰败凋落。

译文

衰败的现象往往是在得意时种下祸根，机运的转变多半是在失意时种下善果。所以君子平安时要头脑冷静以防患于未然，处身于变乱时要坚忍奋斗以谋成功。

点评

《易经》："日中则昃，月盈则亏。"说明了日月有阴晴盈亏的变化，人生也是如此，有兴衰成败的变化。"人无千日好，花无百日红"，天地万物都会经过盛衰转变的循环过程。人生处于极盛时，往往会有衰微的预兆，这时要保持冷静的头脑，防患于未然。"野火烧不尽，春风吹又生"，受到挫折的时候，要有乐观向上的心态。有了这种积极进取的精神，就有摆脱困境的勇气和能力。此外，日常生活中要小心谨慎，避免因小事而酿成大错，同时培养自己的心理承受能力。

一一八、奇异无远识，独行无恒操

惊奇喜异①者，无远大之识；苦节②独者行，非恒久之操。

注释

①惊奇喜异：喜欢标新立异。②苦节：节俭过分。

译文

喜欢标新立异行为怪诞的人，不会有高深的学问和远见；苦守名节而自以为清高的人，无法保持长久的恒心。

点评

万丈高楼平地起，伟大往往寓于平凡之中。世上最有价值的事，并不是去寻幽探险，而是真诚做人、勤劳工作，脚踏实地从一点一滴开始。喜欢标新立异的人，往往暴露他们的无知。通过投机取巧的方式猎取功名，只能是空中楼阁，画饼充饥。所以，要想有所作为，一举一动都要符合道德的准则。至于过分的节俭，只能说是一种鄙薄的陋习，要坚决予以克服。

一一九、怒火沸腾，猛然转念

当怒火欲水正在腾沸处，明明知得，又明明犯着。知的是谁，犯的又是谁？此处能猛然转念，邪魔①便为真君②矣。

注释

①邪魔：妖魔。魔，梵语"魔罗"的简称。②真君：心灵的主宰。

译文

当愤怒的情绪在心头翻滚，虽然明知是不对的，可又难以控制。知道这个道理的是谁，明知故犯的又是谁？这时若能猛然转变观念，邪魔恶鬼也会变成慈祥的上帝。

点评

"锄地须锄草，烦恼即菩提"，是说要铲除心中的欲念，通过世间的烦恼来磨炼心性。当欲望的邪火冲上心头，要用意志去克制自我，战胜自我，由此修身养性，培养浩然正气。世间本无魔鬼，内心的邪念即是魔鬼；世间本无上帝，内心的良知便是上帝。天地创造了万物，而人类发现了真理，一念之间可以为圣贤，也可以为盗贼。

一二〇、毋偏信自任，毋自满嫉人

毋偏信①而为奸所欺，毋自任②而为气③所使；毋以己之长而形④人之短，毋因己之拙而忌人之能。

注释

①偏信：相信一方。②自任：刚愎自用。③气：散发于外的精神，指一时的意气。④形：比较。

译文

不要误信他人的片面之词，以免被奸诈之徒所骗；不要过分信任自己的才干，以免受到意气的驱使；不要仰仗长处宣扬他人短处，不要由于自己笨拙而嫉妒他人聪明。

点评

人性是复杂的，有善也有恶。公正、无私、诚恳、谦虚，是善的一面；偏袒、自私、欺骗、嫉妒，是恶的一面。恶的一面，也可以说是劣根性。每一个人的身上，或多或少都有点这样的劣根性。若是能够不断提高修养，削弱或者去除身上的劣根性，就会走向成功，甚至成为圣贤。否则，任由内心的贪婪作祟，任凭渴盼的情欲波动，就会陷入无底的深渊，成为不折不扣的小人。或君子或小人，由此而分野。

一二一、己所不欲，勿施于人

人之短处，要曲①为弥缝②，如暴③而扬之，是以短攻短；人有顽固，要善为化诲，如忿而疾之，是以顽济顽。

注释

①曲：婉转。②弥缝：修补改正。③暴：揭发。

译文

发现别人的缺点，要婉转为之掩饰，如果加以揭发宣传，是用自己的短处攻击他人的短处；对于别人的执拗，要善于引导教诲，如果因此而愤怒憎厌，是用自己的愚蠢攻击别人的愚蠢。

点评

日常生活中，那些喜欢搬弄是非的人，就像长舌妇一样令人讨厌。喜欢说别人坏话,是一种不正常的心理状态,这说明人品值得怀疑,应该打个问号。"人非圣贤,孰能无过",议论他人是非,不过是"五十步笑百步"而已。对于他人的优劣,应本着推己为人、隐恶扬善的态度,多加善意的赞美,少去揭露他人的短处。揭露他人的短处,其实是暴露自己的无知。

一二二、阴险者不交,傲慢者勿言

遇沉沉不语①之士,且莫输心②;见悻悻③自好之人,应须防口。

注释

①沉沉不语:阴沉险恶,沉默不言。②输心:推心置腹以心相告。③悻悻:人生气的样子。这里比喻人的傲慢自我。

译文

遇到表情阴沉不爱说话的人,不要急着和他坦诚交心;遇到高傲自大的人,要小心谨慎不多说话。

点评

对于阴沉而又不爱说话的人,一定要多加提防,不要急着推心置腹交朋友。一旦对方是心地险恶的人,便会利用你的话柄来对付你。所以,与人交往要留个心眼,不要话太多,一张口就把自己的底细暴露无遗。当然,生活中很少或阴沉险恶,或傲慢无礼,一看就不对头的典型坏人,大多在两者之间,似是而非难以分辨,这时更要小心谨慎,注意甄别。

观察他人,不仅要看面相,更要看其内心。面恶而心善的人,也不是没有,像"刀子嘴、豆腐心"的人,也是可以交往的。面善而心恶,俗称"笑面虎",这样的人就要多加小心。孔子观人,通过对方的言行和思想,"视其所以,观其所由,察其所安",由此对人有全面的衡量。

一二三、念头昏沉，要知警醒

念头昏散①处，要知提醒；念头吃紧时，要知放下。不然恐去昏昏之病，又来憧憧②之扰矣。

注释

①昏散：迷惑。②憧憧：心意摇摆，难有抉择。

译文

当头脑昏沉时，应当调整自我保持清醒；当工作压力大时，应当暂时放下恢复平静。如果不能调节精神和情绪，恐怕克服了头脑昏沉的毛病，又惹来了左右为难的困扰。

点评

俗话说"文武之道，一张一弛"，该紧张时就振作精神，该放松时就适当调整。努力创业固然重要，但也不可过于疲劳，如果把生活之弦绷得太紧，就容易断裂而危及自身。尤其是在现代社会，在纷扰的都市，工作节奏快、压力大，生活中更要注意休闲娱乐。人的一生，不可饱食终日无所事事而过分疏懒，也不可昼夜运转难有停歇，必须加以适当的调剂，才能有健全的身心。

一二四、君子之心，毫无滞涩

霁①日青天，倏变②为迅雷震电；疾风怒雨，倏转为朗月晴空。气机③何当一毫凝滞？太虚④何当一毫障塞？人心之体，亦当如是。

▶ **注释**

①霁：雨过天晴。②倏变：迅速转变。③气机：本指兵机。《吴子·论将》："三军之众，百万之师，张设轻重，在于一人，是谓气机。"这里比喻主宰气候变化的大自然。④太虚：宇宙，天体。

▶ **译文**

晴空万里，忽然间雷电交加；疾风暴雨，转瞬间朗月晴空。气候运作永不停息，宇宙运转毫无阻塞。人心也要如此，不被名利阻碍。

▶ **点评**

晴空万里时，可能会乌云密布。狂风怒吼后，可能会皓月当空。星辰运转永不停息，宇宙万物欣欣向荣，这是一种毫无滞涩的气机转变。传统文化中有"天人合一"的思想，《易经》中"天行健，君子自强不息"，不同程度强调了天人之间的和谐关系。社会的发展也取法于自然，一时一刻不停息，秩序井然没有丝毫错乱。人心也是如此，做人做事要符合常情，才不会有出轨的危险。

一二五、战胜私欲，执行有力

胜私制欲①之功，有曰识不早力不易者，有曰识得破忍不过者。盖识是一颗照魔的明珠，力是一把斩魔的慧剑②，两不可少也。

▶ **注释**

①胜私制欲：战胜私心克服欲望。②慧剑：佛家语，用智慧比喻利剑，以此斩断尘缘、烦恼和魔障。

译文

战胜私心和克制欲念的功夫，有人说认识不早就不易改变，有人说认识不清就不易抵制。所以，智慧是认识邪魔的法宝，意志是斩除邪魔的利剑，要想战胜私心杂念，智慧和意志两者缺一不可。

点评

本条讲克制心魔的功夫。心魔，就是自私自利的欲望，可以说是人类的劣根性之一。战胜自我是很困难的事，因为"人不为己，天诛地灭"，所以老子说"胜人者智，自胜者强"。过于自私或占有欲太强的人，多半会遭到大家的排斥，甚至会由此自毁前程。一个人要想控制私心杂念，可从两方面着手，一是提高意识，从利害关系上用智慧及早警醒自己；二是砥砺意志，用坚强的意志战胜欲念。简单说来，就是智慧和意志力。两者缺一不可。

一二六、大肚能容，宽以待人

觉人之诈，不形于言①；受人之侮，不动于色。此中有无穷意味，亦有无穷受用。

注释

①不形于言：不通过言语加以显露。萧统《文选·序》："情动于中而形于言。"

译文

发觉别人的欺骗，并不以言语表现不满；受到别人的欺侮，也不在表情上显现愤怒。其中有无穷意味，蕴含受用不尽的奥妙。

点评

俗话说"好汉不吃眼前亏"，感觉别人欺诈自己，不要急着显露声色表现出来，而要不露声色徐图良策。如果立刻揭穿对方的骗局，可能会打草惊蛇，使对方恼羞成怒，乃至打击报复。这是一种生活的智慧，因为关系到切身利益，所以要尤为注意。当身处不幸，遭受对方的凌辱，最好也要避免怒形于色，过于刚强就会招致对方采取不利于己的手段。采取委婉的态度和不良分子做周旋，才能寻找机会逃离险境。

一二七、穷苦困乏，磨炼身心

横逆①困穷是锻炼豪杰的一副炉锤②，能受其锻炼则身心交益，不受其锻炼则身心交损。

▶ 注释

①横逆：飞来横祸。②炉锤：炼铁的工具，比喻磨炼人心的事物。

▶ 译文

穷苦困乏是磨炼身心的熔炉。只要能够经受，身心才有质的飞跃；相反，承受不了这种锻炼，对身心来说是一种损害。

▶ 点评

时势造英雄，乱世显豪杰。在穷苦困乏中挺起胸膛，才算是人中之杰。沉沦于困苦穷乏的，只能算是凡夫俗子。好钢不怕磨，只会越磨越利，若是废铁木头那就另当别论了。苦难的最大意义在于磨炼人的思维和智慧。不经一番寒彻骨，怎得梅花扑鼻香？所以，孟子说，"天将降大任于斯人也，必先苦其心志，劳其筋骨，饿其体肤，空乏其身，行拂乱其所为，所以动心忍性，增益其所不能……"

一二八、天地人心，自在一体

吾身一小天地也，使喜怒不愆①，好恶有则，便是燮理②的功夫；天地一大父母也，使民无怨咨③，物无氛疹④，亦是敦睦的气象。

▶ 注释

①喜怒不愆：无论喜怒，都不轻易犯错。愆，过失、错误。②燮理：调和、谐和。③怨咨：怨恨叹息。④氛疹：凶气恶病。

译文

人身如一小天地，喜怒不犯规矩，好恶遵守法则，就是做人的协调功夫；天地就像大父母，百姓没有怨恨和叹息，万物没有灾害，自然呈现祥和的景象。

点评

天地人心都统于一体，就是遵守自然之道。不因喜怒而逾越规矩，不因善恶而践踏法则，等于身心谐和，天地合一。四季运行，阴阳相合，由此而生万物。造物者养育万物，是一种伟大的力量，并不依靠整天狂风暴雨，所以成就纷繁的世界。同理，如果一个人总是喜怒无常，怨天尤人，必然不能拥有完美的人格。

一二九、宁受人欺，勿逆人诈

害人之心不可有，防人之心不可无，此戒疏于虑也；宁受人之欺，勿逆①人之诈，此警惕于察也。二语并存，精明而浑厚矣。

注释

①逆：预先。诸葛亮《后出师表》："凡事如是，难可逆见。"

译文

害人之心不可有，防人之心不可无，这可以劝诫警惕性不高的人；宁可受人欺骗，也不事先拆穿别人的骗局，这可以劝诫警惕性过高的人。牢记上面两句话，就是思虑精明而且心地浑厚了。

点评

"害人之心不可有，防人之心不可无"，这是人们常用来提醒自己的座右铭。不能有害人之心，是因为上天有好生之德。伤害别人难免会受到报复。出来混总是要还的，山不转水转，水不转人转。此外，如果警惕性已够高，足以看到别人的欺骗，也不必刻意揭露，远远保持距离就可以了。随便把心事告诉别人，以示聪明机智或内心坦荡，都是不可取的，有可能会因此而受制于人。这就是"交浅不可言深"的道理，所以"见人只说三分话，不可全抛一片心"。

一三〇、明辨是非,能识大体

毋因群疑而阻独见,毋任己意而废人言,毋私小惠而伤大体,毋借公论以快①私情。

▶ **注释**

①快:称心,痛快。

▶ **译文**

不能因为众人猜疑而放弃自己的想法,也不要固执己见而不听他人劝告,不要因小恩小惠而伤害大体,不要假借舆论来满足私欲。

▶ **点评**

生于世间,最好有独立的个性,不随波逐流,不随遇而安。当然,也不要刚愎自用,不听他人劝告。不因小恩小惠而伤大体,不假公济私而满足欲望。这决定了生命的高度和格局。贪小利而伤大体,假公济私满足欲望,都是鼠目寸光的表现。做事情要择善而从,不可固执己见,也不能摇摆不定。界限非常微妙,如何运用全在于自己把握,拥有足够的智慧才能做好这点。

一三一、亲善须知机,除恶应保密

善人未能急亲,不宜预扬,恐来谗谮①之奸;恶人未能轻去,不宜先发,恐遭媒孽②之祸。

▶ **注释**

①谗谮:颠倒是非毁谤他人。②媒孽:借机陷害他人而酿成其罪。

▶ **译文**

遇到好人不要急着结交,不必事先赞扬其美德,以免引来小人的诽谤中伤;摆脱恶人不要轻易动手,不要急着揭发其恶行,以免受到报复陷害。

点评

人们大多喜欢亲近君子,而不喜欢小人。遇到值得尊敬的好人,为什么不早早结交呢?作者如此说,是因为世情险恶,常会"无端平地起波澜"。急着去交往君子,保持亲密的关系,可能会引来他人的嫉妒,甚至恶语中伤。此外,君子之交大多是道义之交,其淡如水,于此基础上建立感情,更为适宜。至于说"恶人未可轻去",是因为凡事不可操之过急,应该未雨绸缪,早做准备,徐图后患。俗话说"请神容易送神难",无论解聘员工或是疏远身边的某人,要事先做好周密准备,斟酌好理由和说辞,以免遇到纠纷难以应付。

一三二、光明磊落,满腹经纶

青天白日的节义①,自暗室屋漏中培来;旋乾转坤的经纶②,自临深履薄③处缲④出。

注释

①节义:人格节操。②经纶:本指纺织丝绸,这里指经邦治国的文韬武略。③临深履薄:面临深渊脚踩薄冰,比喻做事谨慎小心。④缲:抽茧出丝,指磨炼领悟。

译文

大凡光明磊落的节操义举,都在艰苦的环境中培养出来;大凡扭转乾坤的文韬武略,都从谨慎的做事态度中磨炼出来。

点评

人生需要磨炼,精神需要砥砺。"不经一番寒彻骨,那得梅花扑鼻

香",凡是成就事业的伟人,大多经过艰苦恶劣的环境,逐步积累实力,才能满腹经纶,具有旋转乾坤的能力。"如临深渊,如履薄冰",是君子为人处世的一种态度,战战兢兢,谨慎小心,按部就班。所谓做"大事不拘细节",应是针对具体环境而言,如果凡事不拘细节,难免会志大才疏,难以成事。

一三三、父慈子孝,兄友弟恭

父慈子孝,兄友弟恭,纵做到极处,俱是合当①如此,着不得一丝感激的念头。如施者任德②,受者怀恩,便是路人,便成市道③矣。

▎注释

①合当:应该。②施者任德:以施惠于人而自仁。③市道:交易市场。《晋书·华谭传》:"市道小人,争半钱之利。"

▎译文

父母仁慈子女孝顺,兄长友爱,弟妹恭敬,即使做到了最好,也是理所当然,彼此间不要有一丝感激的念头。如果施恩的人因此自任恩情,接受的人从而感恩图报,那么至亲骨肉也应是陌路人,骨肉之情就变成了市井交易。

▎点评

中国从农业社会走来,最看重天伦之乐,因此讲究"父慈子孝,兄友弟恭"等伦理道德。农业生产需要大量劳动力,封建家族往往人口众多,因此人们把多子多孙当作福分。"养儿防老,积谷防饥",成为人们普遍赞同的生活原则。人伦思想本于亲情,血缘关系自然要亲密维护,所以骨肉至亲之间,应有"施恩不望报"的心理。

在当代社会,人们的居住方式有了很大变化,很少有家族聚居的情况。父母兄弟间的关系也有了相应变化,尽管血浓于水,亲情永远是温暖人心的明灯,但有时也要注意相互间的经济关系。亲兄弟,明算账,事先把利害得失加以明确,不失为一种妥当的交往方式。

一三四、低调处世,不自夸耀

有妍①必有丑为之对,我不夸妍,谁能丑我②?有洁必有污为之仇,我不好洁,谁能污我?

注释

①妍:美丽。②丑我:嘲笑我丑陋。

译文

有美丽的事物,就有丑陋的事物与之对比,不自夸自大自我炫耀,谁能讽刺挖苦我呢?有洁净的事物,就有污浊的事物与之对比,不自我宣扬自己洁净,谁能讽刺玷污我呢?

点评

天地万物,有丑陋就有美丽,有清洁就有污浊,一切高低、善恶、正邪、阴阳、长短、上下都是相对的。因为有对立统一,才有万物存在。万物谐和才符合中庸之道。俗话说"没有高山显不出洼地",就是这个道理。做人应当不偏颇,总是自夸自大,则会召来他人的讥讽,变成求美不成而露丑。"祸福无门,惟人自召",很多时候,尘世的荆棘正是我们种下了不同的"因",才会结出或善或恶的"果"。

一三五、富贵多炎凉,骨肉多妒忌

炎凉①之态,富贵更甚于贫贱;妒忌之心,骨肉尤狠于外人。此处若不当以冷肠②,御以平气,鲜不日坐烦恼障③中矣。

注释

①炎凉:天气冷暖,比喻人情世故。②冷肠:本指缺乏热情,这里指处事冷静。《颜氏家训》:"杨朱之侣,世谓冷肠。"③烦恼障:佛家语,指因为贪嗔、爱恨等欲望所引发的烦恼情绪。

译文

世态炎凉，富贵人家更加明显；嫉妒猜疑，至亲骨肉尤为狠毒。处于这样的环境，如果不能用冷静的态度，以平和的心态控制自己，很少有人不陷于日坐愁城的烦恼状态。

点评

人情反复似波澜。为了争权夺利，权贵之家往往父子、兄弟相残，历代宫廷斗争皆是如此。比如，汉武帝曾把太子逼得走投无路悬梁自尽。唐太宗李世民发动玄武门之变，杀死了亲生兄弟。贫贱之家大多是相互支持的，有时候骨肉至亲有了切身利益关系，难免争来夺去，纷扰不断。这在新闻里也是常见的事。对于这样的事，要有一点冷静心肠，事先做好准备，明确相互之间的权利和义务，不然的话只能每天都在烦恼障里度过了。

一三六、功过不容少混，恩仇不可太明

功过不容少混，混则人怀惰隳①之心；恩仇不可太明，明则人起携贰之志②。

注释

①惰隳：疏懒懈怠。②携贰之志：怀有二心，因此叛乱。

译文

对部属的功绩和过失一点也不混淆，如果混淆不清就容易导致疏懒懈怠；对恩惠和仇恨不能表现得太明显，太明显了就会使人怀有背叛之心。

点评

对待部属要"恩威并用，赏罚分明"，只赏不罚无法使人改过向善，只罚不赏无法使人得到鼓励。所以，在赏与罚的具体落实上，要注意把握分寸。如果功过混淆不清，甚至有所偏差，就会让人觉得领导没有是非之心，是个糊涂蛋，自然无法鼓励部属努力工作。任用人才，不可有区别心，对某个人特别热情或者对某个人特别冷淡，都会影响部属的工作情绪和积极性。最好做到一碗水端平，公正对待每个人，才能充分发挥团队力量。

一三七、位盛危至，德高谤兴

爵位①不宜太盛，太盛则危；能事不宜尽结，尽毕则衰；行谊②不宜过高，过高则谤③兴而毁来。

▌注释

①爵位：古代社会的官位等级，为公、侯、伯、子、男五等爵位。②行谊：言辞论调，品德行为。③谤：毁谤。

▌译文

爵位不可太高，太高就会陷于危险；才能不能用尽，用尽就会走向衰落；言行论调不可太高，太高就会招来毁谤和中伤。

▌点评

"急流勇退，谓之知机。"爵位不可太高，说明要对进退取舍适当把握，否则就会身处危险的境地，甚至招致灭门之祸。"否极泰来，物极必反"，事物的发展到了顶点后，只能走向相反的道路，这也是自然之道。人有贪心和欲念，在功名利禄间，尤其是在权位的高层，最难做出适当取舍。唯有不断超越小我，才能成就大我。一个人如果总是处世高调，到处标榜自我，只会引来众人的毁谤和中伤。

一三八、隐恶祸深，隐善功大

恶忌阴，善忌阳①。故恶之显者祸浅，而隐者祸深；善之显者功小，而隐者功大。

▌注释

①阴、阳：古代哲学概念。万物皆有对立面，如天地、水火、寒暑等等。阴为柔，多指不易发现之处；阳为刚，多指明显之处。

▌译文

做坏事最忌讳不为人知，做好事最忌讳到处宣扬。明显的坏事造成的灾祸小，不为人知的坏事造成的灾祸大；做了好事还要宣扬功德小，默默行善不被人知功德大。

▶ **点评**

表面显露的恶，是小恶；深深隐藏的恶，是大恶。表面显露的善，是小善；暗中隐藏的善，是大善。可见，是非善恶，有大有小，有真有伪。掩藏罪恶就是真恶，宣扬善良只是伪善。一个人应该抱着为善不求名的态度，做点好事就到处宣扬，只是毫无功德的伪善。任何沽名钓誉的心理，都是卑鄙的。唯有那些默默行善的人，才是真正的积德。

一三九、以才辅德，德才兼备

德者才之主，才者德之奴。有才无德，如家无主而奴用事矣，几何不魍魉①猖狂②。

▶ **注释**

①魍魉：传说中的怪物，泛指山川木石中的精灵。②猖狂：狂妄而恣肆。

▶ **译文**

德是才的主人，才是德的奴仆。有才却无德，就像家中无主而奴仆做事，怎能不狂妄嚣张呢？

▶ **点评**

俗话说："德胜才是君子，才胜德是小人。"有德而无才的人，难以成就大业。有才而无德的人，就会做坏事。所以，德才兼备不仅是对圣人的要求，也是对普通人的要求。"言而无文，行之不远"，只有德才兼备的人，才有可能成就大业。

一四〇、穷寇勿追，投鼠忌器①

锄奸杜倖②，要放他一条去路。若使之一无所容，譬如塞鼠穴者，一切去路都塞尽，则一切好物俱咬破矣。

注释

①投鼠忌器：想打老鼠又怕打坏东西，比喻做事有顾忌。②杜倖：杜绝奸倖之徒。倖，宠幸，通过邀功取宠以谋求高职。

译文

对待奸邪之人，要留一条改过自新的道路。如果使他们走投无路，就像堵塞鼠洞一样，进出的道路都堵死，好东西也会被咬坏。

点评

古有"除恶务尽"的说法，"斩草不除根，春风吹又生"，是说恶势力若不铲除干净，就会有卷土重来的危险。对此，作者有不同的看法，他主张"穷寇勿追"，最好给人改过自新的道路，不然困兽犹斗，只会两败俱伤。做事采取中庸之道，不要太极端。天地能够包容万物，所以才生生不息。凡事抱着"除恶务尽"的态度，"恶"固然会被除尽，"善"恐怕也难以独立存在。人至察则无徒，水至清则无鱼，领悟了这个道理，即从更高层次明白了人类的生存法则。

一四一、可以同过，不可同功

当与人同过，不当与人同功，同功则相忌；可与人共患难①，不可与人共安乐，安乐则相仇②。

注释

①患难：艰难困苦。②仇：仇恨。

译文

应有与他人共担过失的雅量，不应有与他人分功的念头，共享功劳就会彼此猜疑；应有与他人共过难关的胸襟，不可有与他人共享安乐的贪心，共享安乐容易互相仇恨。

点评

人生在世不过百年，到头来归于一抔黄土而已。所以，功过得失应该看得淡一些，不要汲汲于名利，乃至丧失做人的原则。同甘共苦，同舟共济是人类的美好品德，也是一种理想的境界。但纵观古今，共患难的例子颇多，共享福的却很少。"飞鸟尽，良弓藏。狡兔死，走狗烹。"帮助君主打天下的功臣，大多受到猜忌和怀疑，难得有个好下场。现实生活中，不少人有功就抢、有过就推、有乐就享、有难就躲。这样的例子比比皆是。因此，人生绝不可以放纵自我，而应在有限的范围内互相帮助、共享生活，这才是有意义的。

一四二、以言助人，功德无量

士君子，贫不能济物①者，遇人痴迷②处，出一言提醒之，遇人急难处，出一言解救之，亦是无量功德③。

▶ 注释

①济物：救济他人。②痴迷：迷惑难解。③功德：佛家语，指功业和德行。

▶ 译文

有学问的君子，贫穷不能救济他人，遇到他人执迷不悟时，应当好言提醒使之领

悟，遇到他人危急困难时，说几句公道话，也是无量功德。

▶ 点评

在生活中，遇到别人在某件事上执迷不悟，虽然不能提供物质帮助，但好言提醒，也算是积德行善。哪怕物质上不富有，精神上仍然可以播种爱心，积下无限的公德。比如，别人受到冤屈时说句公道话，别人灰心丧气时多多鼓励。帮助他人不一定用金钱来衡量，也可以用智慧对人进行精神上的启迪，使之迷途知返或进行技术上的帮助，使之脱贫致富。"授人以鱼，不如授人以渔"，讲的就是这个道理。

一四三、趋炎附势，人之常情

饥则附，饱则扬，燠①则趋，寒则弃，人情通患②也。

▶ 注释

①燠：温暖，指富贵之家。②患：疾病。

▶ 译文

饥饿潦倒就前去投靠，富裕饱足就远走高飞，遇到富贵的就巴结，贫困的就鄙弃，这是人情常有的通病。

▶ 点评

世态炎凉，人情冷暖，"势利眼"到处存在，他们嫌贫爱富、趋炎附势，最为令人讨厌。俗话说"事态有冷暖，人面逐高低"，"贫居闹市无人问，富在深山有远亲"，可谓指出了世态人心的通病。大多数人穷困到了一定程度，就不得不投靠权贵，以求取残羹冷炙。可见，人穷到一定程度，尊严也是很难维持的。"穷且益坚，不坠青云之志"的人毕竟是少数，所以难能可贵。

一四四、冷眼旁观，不动刚肠

君子宜净拭冷眼①，慎勿轻动刚肠②。

注释

①冷眼：冷静观察世事。②刚肠：刚直的个性。

译文

有德有才的君子，要以冷静的态度面对事物，不要轻易表现刚直的性格。

点评

"好心办错事"是常见的社会现象。生活中，有些人遇事过于热心，不但得不到善意的回报，反而常常招到怨尤。这是因为没有把握好事情的分寸。所以，遇到事情一定要保持冷静，千万不可因一时的热情而轻易行动或做出许诺，否则就会犯错误。刚直的人不善于保全自己，容易疾恶如仇轻率发言，一有事情就发作，往往会惹来不必要的麻烦，甚至使自己的事业受到波折。这时，就要先让自己冷静下来，不妨做个深呼吸，考虑一下前因后果，进而选择妥当的处理方式。

一四五、德随量进，量由识长

德随量①进，量由识②长。故欲厚其德，不可不弘③其量；欲弘其量，不可不大其识。

注释

①量：气量、抱负。②识：才学、见识。③弘：扩大。

译文

品德随着气量而增长，气量随着见识而增加。所以，要想使道德更加完美，不能不气量宽宏；要想气量宽宏，不能不增加见识。

点评

品德、气度、识见，三者相互影响，相互促进，决定了人生的基本格局。生活阅历越丰富，抵抗挫折的能力就越强；气量越宽宏，对别人就越宽容；品德修养越深厚，思想境界就越高尚。俗话说"德高望重，量宽福厚"，就是这个道理。只有品德高尚，才能气度宽宏；气度宽宏，才有容人之量，受到人们的尊重。品德、气度需要深厚的学识来支撑，有了深厚的学识，待人接物就会圆融通达，做起事来也无往而不利。常见一些大人物，越是权高位重，越是虚怀若谷，出言如春风化雨，使人受益无穷，这就是人格的力量。

一四六、人心惟危，道心惟微

一灯萤然①，万籁②无声，此吾人初入宴寂时也；晓梦初醒，群动未起，此吾人初出混沌处也。乘此而一念回光，炯然返照，始知耳目口鼻皆桎梏③，而情欲嗜好悉机械矣。

注释

①萤然：形容灯光微弱如萤火。②万籁：自然界的各种声音。③桎梏：捆绑手脚的刑具。引申为约束、束缚。

译文

在微弱的灯光下，万籁俱寂，这是人们要入睡的时候；清晨从睡梦中醒来，万物还没开始动静，这是从朦胧梦境走出的时候。利用这一刻来澄清内心，反省自身，便会明白耳目口鼻是束缚心智的枷锁，情欲爱好是使我们堕落的机械。

点评

一灯如豆，摇曳于无声的长夜，劳累一天的人们进入梦乡。精神与肉体都处于安眠状态，没有善恶苦乐之分，如同开天辟地般的混沌状态。到了清晨鸟鸣啁啾，睡眼蒙眬中调整呼吸，整顿内心，或许在一刹那，反省到世间一切皆是虚幻。

宇宙初开，天地浑然一体，清气上升浊气下降，由此产生山川草木鸟兽虫鱼。而人类的不断超越与升华，则在于深刻反省自我，摆脱身心上的种种束缚。有的人纵情于声色，常为了追求感官的快乐而走向邪路。若是在物欲的诱惑下，不能明白是非善恶，利弊得失，耳目口鼻就成了束缚身心的大敌。

一四七、诸恶莫为,诸善奉行

反己者,触事皆成药石①;尤人②者,动念即是戈矛。一以辟众善之路,一以浚③诸恶之源,相去霄壤矣。

▶ 注释

①药石:方药砭石,指治病的东西。②尤人:指责、埋怨他人。③浚:疏通,开启。

▶ 译文

经常反省自己,遇事皆成警醒自我的良药;经常怨天尤人,心念即是引起纷扰的戈矛。一是通向善行的途径,一是形成恶行的源头,两者有天壤之别。

▶ 点评

"人非圣贤,孰能无过。过而能改,善莫大焉。"人难免会犯错误,但犯错误并不一定是坏事,只要能吸取教训,就可以引以为鉴,坏事也成了好事。儒家讲究内省的功夫,孔子每天"三省吾身","见贤思齐,见不贤而内自省",深刻反省自我,触事皆成治病的良药。与此相反的是,有些人总是对社会不满,经常怨天尤人,甚至心念一动就是杀气腾腾的邪念。他们犯了过错永远不知悔改,甚至走向罪恶的深渊也不回头。一善一恶,一正一邪,两种路途,其结局完全不同。

一四八、精神万古,气节千载

事业文章随身销毁①,而精神万古如新;功名富贵逐世②转移,而气节千载一日③。君子信不当以彼易此也。

▶ 注释

①销毁:消磨毁灭。②逐世:随着时代转移。③千载一日:千年仿佛一日,比喻永恒不变。

▶ 译文

事业和文章随着人的死亡而消失,但圣贤的精神却可以亘古不变;功名和富贵随着时代而转移，而高尚的气节却能号召千年。所以，君子不能放弃青史留名的气节，而去换取一时的功名富贵。

点评

俗话说"文以载道"，历代圣贤的精神万古如新，全靠事业文章来薪火相传。文章千古事，得失寸心知。相对于短暂的功名富贵来说，君子的气节更为重要。"留取丹心照汗青"的文天祥，"我以我血荐轩辕"的谭嗣同，皆是舍弃了功名富贵，而选取了高尚的气节，故而获得了千载美名。鲁迅说"人总是要有一点精神的"，这种精神就是做人的道德准则和应达到的高尚境界。

一四九、自然造化，智巧不及

鱼网之设，鸿则罹①其中；螳螂之贪②，雀又乘其后。机里藏机，变外生变，智巧何足恃哉！

注释

①罹：遭遇。②螳螂之贪，雀又乘其后：比喻只看到眼前利益而忽略长远利益。

译文

设置渔网是为了捕鱼，可是鸿雁却落入其中；螳螂贪婪想去捕蝉，却不知黄雀在后偷袭。玄机里面暗藏玄机，变化之外再生变化，人的智谋机巧有什么可仗恃的呢？

点评

"鹬蚌相争，渔翁得利"，"螳螂捕蝉，黄雀在后"，世上很多事都暗藏玄机。人类的智慧有限，就算机巧百出用尽聪明，也难以把握自然界的种种玄机。尽管如此，人类仍要克服种种困难，努力去战胜自然。孔子主张"尽人事而知天命"，尽力去改变现实，至于成败得失则留给后人评说。"男儿志兮天下事，但求进兮不有止"，这是一种不遗余力奋发有为的积极姿态。

一五〇、诚恳做人，圆融处世

作人无点真恳①念头，便成个花子②，事事皆虚；涉世无段圆活机趣，便是个木人，处处有碍。

注释

①真恳：诚恳。②花子：乞丐。

译文

做人如果没点诚恳的念头，就会像个乞丐，做任何事都很虚伪；处世如果没有应变的技巧，就成了木头人，处处都会遇到阻碍。

点评

不论做人还是做事都要真诚，这点是非常重要的。做事如果不认真，就会被认为投机取巧，偷懒耍滑，难以获得信任，也无法得到提升。除了诚恳为人，还要有点情趣和机智，不然就像个木头人，不是妨碍别人，就是妨碍自己。当然，圆融处世不是要像市侩那样圆滑，而是在灵活中体现出生存的智慧。比如，本来很严肃的事，说几句幽默机智的话，大家哈哈一笑，事情就办成了。板着一副面孔，过于严肃，会让人觉得不通人情，处处遇到障碍。

一五一、去混取清，去苦存乐

水不波则自定，鉴①不翳②则自明。故心无可清，去其混之者，而清自现；乐不必寻，去其苦之者，而乐自存。

注释

①鉴：古代指镜子。②翳：遮蔽。

译文

不起波浪的水面自然平静，没有尘土的镜面自然明净。所以，人的内心不必刻意清洗，去掉了私心杂念，自会显现清澈；快乐不必刻意寻找，远离了痛苦烦恼，自会心情愉悦。

点评

孟子认为人之初性本善，只要去除私心杂念，心灵就会纯真美好。佛家认为人心本是清净的，并有自我觉悟的品性。生活中的许多烦恼和痛苦，都源于自身的私心杂念。"天下本无事，庸人自扰之。"比如小心眼的人，总是疑神疑鬼，觉得别人在干对不起自己的事，其实是自己和自己较量。因此，经常觉悟反省自我，豁达开朗光明磊落，心中就会轻松自如，不染尘世的风霜。

一五二、念动鬼神，行克天地

有一念而犯鬼神之禁，一言而伤天地之和，一事而酿①子孙之祸者，最宜切戒②。

注释

①酿：造成。②切戒：引以为戒。

译文

若有邪恶的念头触犯了鬼神的禁忌，若有言语伤害了人间的祥和，若有事情造成了子孙的祸患，这样的言行应该加以警惕并戒绝。

点评

在封建专制时代，统治者常常大兴文字狱，文人书生一不小心就会触犯禁忌，惹来杀身之祸，甚至给整个家族带来毁灭性的灾祸。所以，作者提出一个人立身处世，一定要言行谨慎，多为子孙积德行善。"前人种树，后人乘凉"，在政策和道德的允许下多做好事，可以福及子孙。千万不可做坏事，更不可伤天害理，为非作歹。兵法中有"一言不慎身败名裂，一语不慎全军覆没"的箴言，提醒人们要谨言慎行明辨是非，决不可徒逞意气任意妄行，以免为子孙造孽，使家族蒙羞。

一五三、不急不躁，宽之自明

事有急之不白者，宽之①或自明，毋躁急以速其忿；人有操之不从者，纵之或自化②，毋躁切以益其顽。

注释

①宽之：使之舒缓，不急迫。《史记·韩非子列传》："宽则宠名誉之人，急则用介甲胄之士。"②自化：自我觉悟。《老子》："我无为而反自化。"

译文

有些事情越想弄清楚，就越弄不清楚，暂时放下不管，也许自会明白，不要过于急躁，以免增加紧张气氛；有的人想指挥却无人听从，暂时放下不管，也许他人自会觉悟，不要操之过急，以免增加抵触情绪。

点评

俗话说"强按牛头不喝水"，"欲速则不达"，就是说做事情不要违背自然规律，不要急于求成，在适当的时候做一些"冷处理"，可能就会不费功夫，自然水到渠成。日常生活中，常见一些人做起事来总是风风火火，乍一看雷厉风行，其实是急急躁躁，反而起不到好的效果。比如受了误解，如果可以解释就解释，如果环境复杂，越急着解释可能越搞不清楚，这时就要适当放下。因为世间很多事，是不必刻意追问的，时间一到就会水落石出，一清二白。

一五四、不能养德，终归末技

节义傲青云①，文章高白雪②，若不以德性陶镕之，终为血气之私，技能之末。

▶ **注释**

①青云：空中的彩云。比喻达官显贵。②白雪：古代乐曲名，传说师旷演奏《白雪》，神鸟也飞来听。

▶ **译文**

气节、正义胜过高官厚禄，感人的文章胜过《白雪》名曲，如果不用高尚的品德陶冶情趣，终究不过是血气冲动时的个人感情，不过是微不足道的雕虫小技。

▶ **点评**

"文章千古事，得失寸心知。"在作者看来，气节和正义是可以鄙视一切权贵显要的，生动的文章也可以超越师旷所奏的神曲《白雪》。但是，文章要有大的格局，必然要蕴含一种道德的力量，才能振聋发聩，警醒世人。陶土经过高温的烧制才能成为器皿，一个人对品德的冶炼更要如此，必须经过严格磨炼才能成大器。可见，无论多么清高有学问，都要有高尚的品德来配合，不然就是欠缺磅礴之势的雕虫小技，微不足道。

一五五、不与人争，甘居人后

谢事①当谢于正盛之时，居身宜居于独后之地②。

▶ **注释**

①谢事：隐退，指辞官归隐。《礼记》："大夫七十而致事，若不得谢，则必赐之几杖。"②独后之地：住在与世无争的清静之地。

▶ **译文**

急流勇退要在事业的巅峰阶段，才能拥有圆满结局；居家度日最好在不与人争的清静之地，才能更好修身养性。

点评

要想使自己的名声永世流传,就要在事业的巅峰期急流勇退,不然,等到狼狈不堪被迫下台就不光彩了。身在高位,难的是"勇退",大多数人留恋功名权威,直到最后不得不被迫退位,草草了事。辛亥革命后,袁世凯逼迫清帝退位,在南北议和后被推为"再造共和"的大总统。本是一件好事,但他在别人的蛊惑下,动起了当皇帝的念头,结果只当了八十三天,就在国人的纷纷指责下,一命呜呼。"百夫所指,无病而亡",这个下场实在悲催。

一五六、谨于至微,施于不报

谨德须谨于至①微之事,施恩务施于不报之人②。

注释

①至:极、最。②不报之人:指无力回报的人。

译文

要想砥砺品性提高修养,须在细微处下功夫;施与别人恩惠,应该施与那些无法回报的人。

点评

品德修养,就像存储金钱,要一点一滴积累。从最细微的地方做起,严格要求自己,才能养成良好的习惯。人们常说"细节决定成败",就是这个道理。至于给予别人恩惠而要求回报,这是有条件的相互交换,甚至是伪善,而不是施恩。真正的施恩是不望回报的,如此才能积德行善。

一五七、山林野趣,读今述古

交市人①不如友山翁②,谒朱门③不如亲白屋④;听街谈巷语,不如闻樵歌牧咏;谈今人失德过举,不如述古人嘉言懿行。

注释

①市人：市井之徒。②山翁：隐居山野之人。③朱门：红色的大门，比喻权贵之家。杜甫诗有"朱门酒肉臭，路有冻死骨"句。④白屋：指贫穷人家。穷人只能用没有花纹的简陋木材搭建房屋，故名白屋。

译文

交往市井之人不如结交山野之人，拜谒权贵不如亲近贫民；听街头巷尾论是非，不如听樵夫牧童歌咏；论当政之人失德的行为和失当的举动，不如讲述古代圣贤的美好言行。

点评

市井之人大多狗苟蝇营，追逐名利，庸俗不堪。山林之人则多有清高之气，超越平庸，气度不凡。奔走于富贵之家，所听所闻皆是争权夺利的事，只会使自己失去独立人格。与普通人交往，可以清心寡欲，体会平凡的乐趣。闲居无事听人讲是非，不如听樵夫的民谣与牧童的山歌。论辩朝廷的错误过失会惹来灾祸，不如讲述古人的嘉言懿行作为处世的指导原则。作者所论，无非是要人们淡泊名利，清心寡欲，在心气平和中度过悠然的一生。经常跳出自己的圈子，去看一看，想一想，就会明白很多道理。

一五八、修身种德，事业之基

德者事业之基①，未有基不固而不栋宇②坚久者。

注释

①基：根本，基础。《老子》："贵以贱为本，高以下为基。"②栋宇：房屋。

译文

高尚的品德是事业的根基，正如盖房子一样，没有坚实的地基，就不能修建牢固的房屋。

点评

一般来说，品行不端的人，是难以创立长远事业的。这是因为，品德是一生事业的根本，好比高楼大厦的地基，只有地基稳固，才能建筑坚固的房屋。品行不端的人，能力越强越让人不放心，他们不是贪赃枉法，就是为非作歹，对社会和他人造成危害，自然会受到法律的惩罚。现代企业或公司招聘人才，一般都很注意品德，唯有德才兼备，才能够担当大任。

一五九、子孙昌盛，根固叶荣

心者，后裔①之根，未有根不植而枝叶荣茂者。

注释

①后裔：后代。

译文

拥有善良的心，就拥有了后代昌盛的根本，就像栽花种树，如果没有种下善根，很难有枝繁叶茂的景象。

点评

常见参天的大树，根系发达，枝叶繁荣，为人们撑起一片绿荫。心地善良的人，子孙后代会昌盛，并非迷信的说法，而是事理的必然。他们通过言传身教，耳濡目染，子女也积德行善，善有善报，自能家业富有，传承有序。良好的家庭才能培育贤惠的子孙，互相尊重内部团结就可以拧成一股绳，创下的事业有可靠的继承，以此家风代代相传。

一六〇、认清自我，勿夸所有

前人云："抛却自家无尽藏①，沿门持钵效贫儿。"又云："暴富贫儿休说梦②，谁家灶里火无烟？"一箴自昧所有，一箴自夸所有，可为学问切戒。

注释

①无尽藏：佛家语，比喻容纳无尽的道德力量。《大乘义章》："德广难穷，

名为无尽,无尽之德,包含曰藏。"王阳明诗:"无声无臭独知时,此是乾坤万有基。抛却自家无尽藏,沿门持钵效贫儿。"②说梦:夸耀突然得到的财富。

▶ 译文

古人说:"抛弃自家无穷宝藏,效仿乞丐沿街乞讨。"又说:"暴富的人不要自夸,谁家的炉灶不冒烟?"前一句忠告那些不认识自己德行的人,后一句忠告那些自我夸耀的人,这是读书求学之人应当戒除的毛病。

▶ 点评

"佛在灵山莫远求,灵山只在汝心头。人人都有灵山塔,好在灵山塔下修。"佛家认为心就是佛,每个人都有一颗心,每个人都有佛性,有良知和明德,不要抛弃自身而向别处求。每个人都应该认清自身的潜力,不应妄自菲薄。古代圣贤修身养

性，只在自心成道。与之对比，那些暴发户自吹自擂，到处夸耀意外之财，其实是暴露自己的愚昧无知、目光短浅。"谁家灶里火无烟"，告诫那些暴发户，每个人的家里都多少有点财产，实在没必要到处显摆。

一六一、道德学问，人皆可修

道①是一重公众物事②，当随人而接引③；学是一个寻常家饭，当随事而警惕。

▶ 注释

①道：天道，真理。②物事：事情。③接引：佛家语，本指普度众生，这里指迎接、引导。

▶ 译文

天道自然，人人都可以去追求和探索，这应该随人而加以不同引导；做学问就像吃饭一样，应该随着事物的变化而有所警惕。

▶ 点评

人间的道德，就像一条宽广的大路，人人可以行走，由此追求和探索未知的世界，它不因贫富差距而有彼此高下之分。道德不是某些人的私产，而是大众都可遵循的法则。搞学问也是如此，能够深入浅出，说出明白的道理，就能被大众认可。反之，故弄玄虚，故作深奥，只会受到排斥。所以，"世事洞明皆学问，人情练达即文章"，只要有足够的悟性，通往真理的道路，欢迎每一个人。

一六二、信人独诚，疑人先诈

信人①者，人未必尽诚，己则独诚矣；疑人②者，人未必皆诈，己则先诈矣。

▶ 注释

①信人：相信别人。②疑人：怀疑别人。

译文

信任别人,别人不一定以诚相待,但自己首先是诚实的;怀疑别人,别人不一定都心怀奸诈,但自己却先成了心怀奸诈。

点评

儒家讲究"忠恕之道",而以诚待人就是忠恕之道的体现。"近己之谓忠,推己及人之谓恕。"所谓推己及人,就是做到"己所不欲,勿施于人",自己首先保持正直良善的心态,不怀疑别人有坏心思。信任,往往创造出美妙的境界。以诚待人,别人也会回报以真诚。甚至作奸犯科的歹徒,也受到感召幡然悔悟。这是"宁肯天下人负我,不肯我负天下人"的道德力量。

俗话说"用人不疑,疑人不用",对于人才的使用,如果总是疑神疑鬼,那即使是正人君子,也会被弄得神经过敏,疲惫不堪,怎能把心思放在工作上呢?长期下去,就会造成"疑心生暗鬼"的恶劣局面,大家离心离德谁也不肯工作。"一正辟百邪,一邪毁百正",抱有雄心壮志做大事的人,在待人接物上一定要出自真诚,才能开创崭新的局面。

一六三、春风化雨,朔雪阴凝

念头宽厚的,如春风煦育①,万物遭之而生;念头忌刻的,如朔雪阴凝,万物遭之而死。

注释

①煦育:温暖化育。颜延之《陶征士诔》:"晨烟暮霭,春煦秋阴。"

译文

胸怀宽厚的人,就像温暖和煦的春风,能使万物充满生机;心胸狭窄的人,就像阴冷凝滞的冰雪,能令万物受到摧残。

点评

"人心如面,各有不同。"世上有一种人,如同和煦的春风,总能使人受到鼓舞和勉励。也有一种人,如同阴冷的寒冰,浑身长满了刺,处处伤人,令人唯恐避之不及。不同的胸怀酿成了不同的面孔，不同的心胸成就了不同的人生。"良言一句三冬暖，恶语伤人六月寒。"那些狭隘刻薄的人，谁会愿意接近呢？故而人缘甚差，缺少帮助，难成大业。气度宽宏的厚道人则会广受欢迎，人们愿意和他结交，也愿意去帮助他。"得道多助，失道寡助"，说明了处世厚道的重要性。

一六四、为善日进，为恶日损

为善不见其益①，如草里东瓜②，自应暗长；为恶不见其损，如庭前春雪，当必潜消。

注释

①益：好处。②东瓜：冬瓜。

译文

为善不一定看到好处，就像掩在草里的冬瓜，不知不觉长大；为恶不一定看到坏处，就像春天里的积雪，被阳光一照就消融。

点评

很多时候，积德行善并没有明显的好处，但好事做多了，自然会有福报来临。做坏事则正好相反，有东北谚语"吃脏钱喝凉水，早晚是病"，是说一个人绝不能心存侥幸做坏事，即使一时成功，但终究会东窗事发。夜路走多了总要碰到鬼，坏事做多了自有报应。所以"恶有恶报，善有善报，不是不报，时候未到"。

一六五、愈隐愈显，愈淡愈浓

遇故旧之交，意气要愈新；处隐微①之事，心迹宜愈显；待衰朽之人②，恩礼当愈隆。

注释

①隐微：隐私。②衰朽之人：年老体衰的人。

译文

遇到多年不见的老友,情意要特别热烈真诚;处理隐秘细微的事情,态度要更加光明磊落;对待年老体衰的人,礼节要特别殷勤恭敬周到。

点评

作者提到了三条为人的标准:碰到老朋友,要情意真诚;处理私事,要坦荡开朗;对待老人,要殷勤周到。俗话说"衣不如新,人不如故",他乡遇故知自然是人生一大喜事。所以,遇见多年不见的朋友,人们大多情感热烈愈显真诚,这个不难做到。事无不可对人言,是说君子处"隐微之事",要心怀坦荡光明磊落,由此显露不凡的人格。君子不欺暗室,在无人知晓的地方,也不做有愧内心的事情。比如"李下不整冠,瓜田不提履",就是为了避嫌主动示以清白。

一六六、君子立德,小人图利

勤者敏于德义①,而世人借勤以济其贫;俭者淡于货利,而世人假俭以饰其吝。君子持身之符,反为小人营私之具矣。惜哉!

注释

① 敏于德义:努力追求道德和义理。

译文

勤奋的人应在品德和道义上下功夫,世人却想通过勤奋来解决自己的贫困;俭朴的人应把财物和金钱看得很淡,世人却想通过俭朴掩饰自己的吝啬。勤奋和俭朴,本是君子修身立德的标准,却成了市井之徒营私谋利的工具。真是令人惋惜。

点评

读书求学的君子,应把道义作为终生的追求,而不是单单为了解决贫困。人吃饭是为了活着,但人活着不是为了吃饭。勤俭节约是好事,但有些人节俭过分,就成了吝啬。利弊得失,只看如何取舍。很多时候,世事正是如此荒谬,修身立德的法则,常被小人拿来作为牟取私利的理由。比如,某些慈善团体,往往打着慈善的名誉聚敛钱财，中饱私囊。再如，某些邪教组织往往打着"拯救世人"的名义欺骗人民，以满足自我的私欲。所以，对于那些巧言如簧，宣称自己如何友善的人，我们要特别小心，以免在不经意中上当受骗。

一六七、不退之轮，常明之灯

凭意兴作为者，随作则随止，岂是不退之轮①；从情识解悟者，有悟则有迷，终非常明之灯②。

▶ 注释

①不退之轮：佛家语，轮指法轮。②常明之灯：人身本有的智慧之灯。

▶ 译文

只凭一时意气做事，冲动一过就会停止，终究不是维持长久永不后退的车轮；从情感出发领悟事理，有领悟也有迷惑，终究不是永久明亮的智慧之灯。

▶ 点评

佛家认为，佛法如同转动的车轮，能碾断山岳岩石和一切邪魔恶鬼，摧毁众生的执迷与罪恶。《维摩经·佛国品》："三转法轮于大千，其轮本来常清净。"这永不后退的车轮，就是佛经里的法轮，能使众生恍然大悟后转为正见，邪见经过车轮轧过而摧毁。因此，佛家说法轮常转，也叫不退之轮，是说进德修业之心永不停止。常明之灯，指寺院所点的长明灯，象征本智的光明永恒燃烧而不熄灭。做事有韧性，有恒心，有悟性，不因心血来潮而冲动，唯有如此才是正道。

一六八、宽以待人，严于律己

人之过误①宜恕②，而在己则不可恕；己之困辱宜忍，而在人则不可忍。

▶ 注释

①过误：过失和错误。②恕：宽恕。

译文

对于别人的过失和错误应宽恕,错误在自己就不能宽恕;遇到困境和屈辱应忍受,别人遇到困境和屈辱不能袖手旁观。

点评

对别人要宽恕,是为了给别人改过自新的机会;对自己要严格,是为了避免再犯同样的过错。道理虽然明白,但落实起来不太容易。人们大多对自己有宽恕之心,总是原谅自己的疏懒和懈怠,结果终是一事无成。凡事对别人要求严格的人,很难维持长期的合作。假如我们能够推己及人,就会减少自己的过失,同时又能宽恕别人,维持良好的人际关系。孔子提倡忠恕之道,就是己所不欲勿施于人,遇到事情多为他人设想,是体现个人品德的根本要诀。

一六九、不尚怪异,不行偏激

能脱俗①便是奇,作意尚奇者,不为奇而为异②;不合污便是清,绝俗求清者,不为清而为激③。

注释

①脱俗:脱离世俗的窠臼。②异:标新立异。③激:偏激。

译文

能够超凡脱俗的是奇人,刻意标新立异并非奇人而是怪异;不肯同流合污就算清高,与世人断绝往来以标榜清高,不是清高而是偏激。

点评

一个人若是能够脱离世俗的窠臼,拥有独到的人格和风骨,自然会被众人所景仰,若是为了标新立异而刻意为之,就会显得矫揉造作乃至丑态百出。俗话说"人丑多作怪",像东施效颦那样,只能作为别人的笑料,是绝不可取的。一个人若是处于污浊的尘世,能够不受一点浸染,那他的品德就像莲花一样清高。若是心存俗念,标榜清高故作怪论却又汲汲于名利,那根本不是清高而是偏激狂妄,是一种愚昧无知的生活状态。可见，清高并不等于和世俗断绝往来，而超凡脱俗致力于内心的修养，并非一日之功。

一七〇、恩宜后浓，威宜先严

恩宜自淡而浓，先浓后淡者，人忘其惠①；威宜自严而宽，先宽后严者，人怨其酷②。

▎ 注释 ▎

①惠：恩惠。②酷：残酷，暴虐。

▎ 译文 ▎

对人施与恩惠应该先淡后浓，先浓而后淡者，人们就会忘掉你的恩惠；树立威信要先严而后宽，如果先宽而后严，人们就会怨恨你的冷酷。

▎ 点评 ▎

施与别人恩惠要从淡泊开始，逐渐加厚，这样会使人有感激之心。反之，若是先浓而后淡，会使人觉得受到冷落，即使以前施与了恩惠，别人也不再领情。就像吃东西，先吃粗茶淡饭，然后吃美味佳肴，循序渐进，会让人觉得总是很香。

人们常说"恩威并用，宽严兼施"，是说领导对待下属该施恩时就施恩，不可吝惜财物；该威严时就威严，不要赏罚不当。作者所说"先严而后宽"，其实很有道理。就像吃橘子和香蕉，必须先吃橘子，再吃香蕉。先吃香蕉，就会觉得橘子酸涩难咽。与人交往，丑话说在前头，把双方的权利和义务加以明确，做起事来就有归属感和目标。先宽而后严，让人难以接受，感觉受到监督和约束，下属会产生怨恨之心。该严的不严，该宽的不宽，只能引起内部的混乱。

一七一、息心见性，意净心清

心虚①则性②现，不息心而求见性，如拨波觅月；意净则心清，不了意而求明心，如索镜增尘③。

注释

①心虚：指心中没有杂念。②性：本性。《中庸》："天命谓之性。"③索镜增尘：在灰尘堆积的镜子前照，看不见人影。

译文

内心清净本性就会显露，不停息妄想却去寻找本性，就像拨开水波去寻找月亮；意念宁静纯洁心灵就会清明，不了解自心而寻求内心清明，就像是照镜子时灰尘堆积，看不到真我。

点评

性指本性，心指内心，意指意念。三者构成了人的观念体系，使人能够区分是非善恶，辨别世间万物。人的本性或说天性，需要大彻大悟才能领会。意念或说意识，是内心的反映。内心了无杂念，才能明心见性。如果思绪纷扰，诸如是非善恶、得失成败等萦绕心头，要想发现本性，就如在浓雾弥漫的荒野中寻找路

标，永远看不清楚。总之，明心见性是反省自我，提高修养的途径。唯有深刻观察内心，斩断私心杂念，方能见到本性。在认识自我的路途上，来不得半点虚假。

一七二、淡泊处世，物我两忘

我贵而人奉①之，奉此峨冠②大带③也；我贱而人侮之，侮此布衣草履也。然则原非奉我，我胡为喜？原非侮我，我胡为怒？

▶ 注释 ◀

①奉：奉承，敬仰。②峨冠：高高的帽子，指官服。峨，高。③大带：绶带。

▶ 译文 ◀

我富贵人们就敬仰，敬仰的是官服和绶带；我贫穷人们就轻视，轻视的是布衣和草鞋。人们敬重官位而不是我，我有什么可高兴的？人们轻视布衣草鞋而不是我，我有什么可恼怒的？

▶ 点评 ◀

人情冷暖，世态炎凉。当你有了权势，自然会得到人们的奉承，这是奉承你本身，还是奉承官位和纱帽？当你贫穷低贱，往往受到人们的轻视，这是轻视你本身，还是轻视布衣和草鞋？作者认为，别人敬仰的是官位和纱帽，轻视的是布衣和草鞋，总和自己无关，所以不应该为之或喜或怒。由此而窥见世情真伪，世间多趋炎附势之徒，何必在意那些外在得失呢？六祖惠能说："菩提本无树，明镜亦非台，本来无一物，何处惹尘埃。"人光着身子来到世间，最后也带不走任何外物，假如能于其中领悟透彻，自然进入物我两忘的境界。

一七三、一点慈悲，万种生机

"为鼠常留饭，怜蛾不点灯。"古人此等念头，是吾人一点生生之机①。无此，便所为土木②形骸③而已。

注释

①生生之机：指使万物生长的契机。②土木：比喻只有外形而无灵魂。③形骸：人的躯体。范缜《神灭论》："是生者之形骸变为死者之骨骼也。"

译文

"怕老鼠饿死留些饭粒，怜惜飞蛾扑火不点灯。"古人常有这样的慈悲心肠，这仁慈之心是人类繁衍不息的生机。没有这些，人与那些树木泥土相同而已。

点评

"为鼠常留饭，怜蛾不点灯。"佛教认为众生平等，其中心思想就是不杀生，以慈悲之心面对万物。现代社会，人们倡导保护野生动物，反对虐待各种动物，和佛教戒杀生的思想相通。当然，如果动物的过分繁衍造成了生态灾害，还是要采取措施加以调整的，比如蝗虫灾害，贪吃庄稼，影响收成，只有大力灭蝗，才能维护良好的人类生存环境。事物的发展都有两面性，古人云"为鼠常留饭"，其实是宣扬一种同情弱者的理念，有时候"除恶即是扬善"，如果老鼠繁衍成灾，或者毁坏了谷仓粮食，那就不必为老鼠留饭，还要采取措施予以铲除。

一七四、一念之间，心体万变

心体①便是天体②。一念之喜，景星庆云③；一念之怒，震雷暴雨；一念之慈，和风甘露④；一念之严，烈日秋霜。何者少得，只要随起随灭，廓然⑤无碍，便与太虚⑥同体。

注释

①心体：内心的本原。②天体：泛称日月星辰，也可理解为宇宙的本原。③景星庆云：象征祥瑞的星辰和云层。④甘露：甘美的雨露，象征祥瑞。《瑞应图》："甘露美露也，神灵之精，仁瑞之泽，其凝如脂，其甘如饴。"⑤廓然：广大。⑥太虚：泛指天地。

译文

人心的本原就是天体的本原。心中有了喜悦念头，如同天中的瑞星祥云；心中有了愤怒念头，如同雷雨交加的天气；心中有了慈悲念头，如同春风雨露滋润万物；心中有了冷酷念头，如同寒霜烈日冷热逼人。人有喜怒哀乐，天有风霜雨露，一样也少不了。只要在兴起后立即消失，如同天体广袤无边毫无阻碍，就和天地同为一体了。

点评

天地人心，其源同一。古人相信天人合一，认为人的喜怒哀乐，大自然都有迹象来昭示。因此，道家主张"人法自然"，儒家主张"民胞物与"和"仁民爱物"，由此荡开胸怀，抱有兼容并蓄的宽宏态度，进而发挥人类的博爱精神。上应天相、下应人事，天地四时对应人的喜怒慈严。尽管不可迷信天意，但人的内心情绪，如同大自然的气候变化，应该有系统内部的自我调节，随起随灭不留痕迹。或祥云遍布，或狂风暴雨，或和风甘露，或烈日严霜，人心如同天体无所不包无所不容，由此化育万物延绵不绝。

一七五、有事惺惺，以主寂寂

无事时心易昏冥①，宜寂寂②而照以惺惺③；有事时心易奔逸，宜惺惺而主以寂寂。

注释

①昏冥：昏昧幽暗。②寂寂：沉寂无声。③惺惺：心中警醒。

译文

闲居无事容易心思昏沉，应在沉寂中保持警醒；奔波忙碌心情容易急躁，应在机警中保持沉静。

点评

人是需要有信仰的，这是支撑生命格局的精神力量。饱食终日闲居无事，就会生发懒散之心，乃至意志消沉，陷入昏沉暗昧的境界。这时就要提醒自己，以平静的态度来觉悟面对的问题，给自己的人生来一个准确的定位，给自己的前程做好充实的计划。此外，奔波忙碌的时候，心神容易放荡不羁，就要提醒自己冷静下来，控制冲动奔涌的情感，才不至于忙中出错。

一七六、动之以情，晓之利害

议事①者，身在事外，宜悉利害之情；任事②者，身居事中，当忘利害之虑。

注释

①议事：议论时事，评论是非曲直利弊得失。②任事：负责某事。

译文

议论时事，应以冷眼旁观的身份，了解事情的利弊得失；处理政务，置身于事情之中，应该忘记个人的利害毁誉。

点评

"当局者迷，旁观者清。"身在事中和身在事外，观察的视角不同，因此会有不同的感受。评判事情要想公平公正，最好置身事外，冷眼旁观。没有利弊得失，就可以把握是非曲直。既不包庇袒护，也不故意陷害。就社会舆论来说，因为其影响广泛，更是不可偏颇，应该善意而客观，既不谩骂攻击，也不阿谀奉承。当一个人主持政务，因为身在其中，就不能再有个人打算，必须大公无私，以民众利益为基础，用"小我"来成就"大我"。担任某项任务，不能计较太多批评指责，只有忘掉这些，才能专心完成自己的工作。

一七七、操守严明，刚正不阿

士君子处权门要路①，操履要严明，心气要和易，毋少随而近腥膻之党②，亦毋过激而犯蜂虿③之毒。

注释

①权门要路：身居高位手握生杀大权。②腥膻之党：奸党。腥膻，比喻操行不好的人。③蜂虿：马蜂、蝎子之类的毒虫。

译文

读书人处于权势要位时，操守要严明，心地要平和，不要放弃原则而结党营私，也不要过于偏激触犯小人而遭谋害。

> **点评**

政治是一门艺术，也是一种技术。政治家大多善于把握权势，衡量各方力量，八面玲珑即可立身于不败之地。与之相反，寒窗十年而后加入仕途的读书人，其实是不适宜从政的，尽管书生意气可以指点江山挥斥方遒，但对于险恶丛生而又复杂多变的政治环境，终究是很难适应的。在作者看来，读书人不同于天生的政治家，因此劝告他们身居要职主持政务，一定要操守严明行为端正，要心气平和不入朋党。此外，不应有过于偏激的言论，以免遭到奸诈小人的背后算计。

一七八、不近恶事，不立善名

标节义者，必以节义受谤；榜道学①者，常因道学招尤。故君子不近恶事，亦不立善名，只浑然和气②，才是居身之珍。

> **注释**

①道学：宋代理学以义理为主，亦讲性命之学，又称道学。②浑然和气：淳朴敦厚，儒雅温和。

> **译文**

标榜节义的人，必然会因节义而受到毁谤；标榜道学的人，常因学而遭到指责。所以有德行的君子，不做坏事也不争美名，只要淳朴敦厚，就是立身处世的珍宝。

> **点评**

日常生活中，常见一些自我标榜夸夸其谈的人，讲起话来滔滔不绝口若悬河，虽然自我感觉良好，却很难获得人们的尊敬，甚至还会受到别人的讽刺。可见，学问道德并非吹嘘而来，而是从艰苦中磨炼而来。真正有学问的人，往往虚怀若谷不事张扬，与人讲话如春风化雨润物无声。常言"半瓶醋乱晃荡"，浮夸者张扬个性即是此例。做人要平实无欺，即不欺心，也不欺人。真理从来不是巧言善辩，仁义道德更是口说无凭，所以，人生在世为非作歹固然不对，但也不要自我吹嘘掠取虚名。

一七九、诚心和气，陶冶性情

遇欺诈之人，以诚心感动之；遇暴戾①之人，以和气薰②蒸之；遇倾邪私曲之人，以名义气节激励之。天下无不入我陶冶中矣。

▶ 注释

①暴戾：凶狠残暴。②薰：一种香草。这里是沐浴、感化的意思。

▶ 译文

遇到狡诈的人，用真诚去感动；遇到暴戾的人，用温和去感化；遇到自私的人，用道义去激励。天下人皆可受到我的感化。

▶ 点评

对待不同的人，要用不同的交往方式，但贯穿其中的，无非是一个"诚"字。人非草木，孰能无情？即便是狡诈凶狠、冥顽不灵之人，也可以用真诚去打动，用温和的态度去渐染。对于淫邪自私的人，则用名义气节去激励。这样，天下人都可以受到

感化。以德化人，可令顽石点头。"精诚所至，金石为开"，这就是道德的力量。

一八〇、一念慈祥，寸心洁白

一念慈祥，可以酝酿①两间和气②；寸心洁白，可以昭③垂百代清芬。

▶ 注释

①酝酿：本指造酒，这里指调和。②两间和气：天地间的和气。③昭：显著。

▶ 译文

一念慈祥，可使天地间充满祥和之气；心地纯洁，可使美名流传千古而不朽。

▶ 点评

高尚的名声，来自善良纯洁的心灵。只有善良纯净的心灵，才能一念慈祥，不图名利，处处与人为善。因为平凡，所以伟大。俗话说"人死留名，雁过留声"，动物尚且爱惜自己的羽毛，人为万物之灵，怎能不珍惜自己的名声呢？儒家有"三不朽"事业，即"立德，立功，立言"，正是为了使自己的美名千古流传，永恒不朽。一心洁白，流芳千古，天地间自有一番祥和之气，以此立身处世应对万物，就会得心应手来去自如。

一八一、中庸之道，和平之基

阴谋怪习，异行奇能，俱是涉世的祸胎①。只一个庸德庸行②，便可以完混沌③而招和来。

▶ 注释

①祸胎：招致祸患的根源。李商隐诗有"自古穷兵是祸胎"句。②庸德庸行：平凡的本性。易经："庸言之信，庸行之谨。"庸，平常，普通。③混沌：天地初开时的状态，比喻自然、淳朴的心神。

译文

阴谋诡计，古怪陋习，奇言异能，这些都是招致祸害的根源。只有平凡的品德和简朴的言行，才合乎自然法则带来和平的氛围。

点评

"狗吠深巷中，鸡鸣桑树巅。"老子提倡"小国寡民，老死不相往来"，那是农业社会的幸福生活，似乎不太适合今天的社会。"科技是第一生产力"，当今世界各国无不以科技为先导，以繁荣经济为目标，可见人类社会的发展需要创新求异，不断推陈出新。当然，创业需要科技和知识，对个人来说决不可施展阴谋诡计，怪异的言行，奇特的技能，两者并不矛盾。作者所说，无非是要人们坚守道德的底线，行事不要过于偏激而已。

一八二、忍得艰苦，便得自在

语云："登山耐侧路，踏雪耐危桥。"一耐字极有意味，如倾险之人情，坎坷之世道，若不得一耐字撑持过去，几何不堕入榛莽①坑堑②哉？

注释

①榛莽：树木丛生的荒野。②堑：护城河，壕沟。

译文

俗话说："爬山要耐得住险路，踏雪要耐得住危桥。"这一个"耐"字意味深长。就像险恶的人情、坎坷的世道，如不用"耐"字来支撑，没有人不掉入荆棘遍布的沟壑。

点评

世道险恶，人情冷暖。行走于人世间，如同行走在荆棘遍布、杂草丛生的荒野，若没有点耐力和坚毅的精神，很难安然度过险峻的小径，走过冰雪覆盖的危桥，迟早会陷入沟壑。人们常说"岁寒三友"松竹梅，是欣赏和赞美它们能禁受冰霜雪雨的严寒，只有禁得起痛苦煎熬的人，才能立身正直，历经险诈人情坎坷之路，成就事业。

一八三、心体莹然，本来不失

夸逞①功业，炫耀文章，皆是靠外物做人。不知心体莹然②，本来不失，即无寸功只字，亦自有堂堂正正做人处。

▶ 注释

①夸逞：自我吹嘘，强行显露。逞，炫耀，显示。②莹然：光彩如玉石，洁白纯净。

▶ 译文

夸张自己的功业，炫耀自己的文章，皆是靠外物来博取赞誉。却不知人的内心皆是洁白晶莹如美玉，不失自然的本性，即使没有半点功业和片纸文章，也算是堂堂正正地做人。

▶ 点评

君子有三不朽，即立德、立功、立言。出自《左传》："太上有立德，其次有立功，其次有立言，虽久不废，此之谓不朽。"由此可见，立德最重要，完全符合作者所论。所谓立德，就是依靠品行垂范千古，如孔孟、老庄等。

功业文章皆是外物，每个人的内心都如同美玉，不加修饰也可光彩动人，面对嘈杂的尘世，不丧失原有的质朴善良，即使没有多少功勋事业，没有多少著作文章，也是顶天立地走过了一生。因此，没有必要为功名事业而自我吹嘘，那样做只会给自己留下污点。

一八四、忙里偷闲，闹中取静

忙里要偷闲①，须先向闲时讨个把柄②；闹中要取静，须先从静处立个主宰③。不然，未有不因境而迁④，随时而靡⑤者。

▶ 注释

①偷闲：忙碌时的一种休闲方式。②把柄：凭借，比喻做事能把握要点。③主宰：指做事有主见。④迁：转移、变更。⑤靡：倒伏，散败。

译文

忙碌时学会休闲，必须有合理的安排和考虑；喧闹中保持冷静，必须心情平静事先有主张。养不成好的习惯，一遇到事情就会手忙脚乱，结果往往弄得一团糟。

点评

酣眠固不可少，小睡也别有风味。在繁忙的工作之余，在喧闹之中，给自己留一点时间休息，静养片刻，可以在很大程度上调节情绪舒展身心。做到这一点其实不太容易，平时要养成这种习惯，把握事情的关节和要点，内心有主宰，事先策划好，才能充分享受这种忙里偷闲、闹中取静的愉悦。因此，不论做人做事，都要有周详的安排，才不会临时手脚忙乱。"凡事预则立，不预则废，言前定则不悔，事前定则不困，行前定则不疚，道前定则不穷。"养不成好习惯，心内没有足够的空间，即便设想再好，遇到事情仍会一团糟，怎能找到闲情逸趣呢？

一八五、天地立心，生民立命

不昧己心①，不尽人情，不竭②物力。三者可以为天地立心，为生民立命，为子孙造福。

注释

①不昧己心：不蒙蔽自己的良心。②竭：尽。《庄子·天下》："一尺之捶，日取其半，万不可竭。"

译文

不蒙蔽自己的良心，不违背人之常情，不过分浪费物力。做到这三点就可以在天地间树立善良的心性，为百姓创造生生不息的命脉，为子孙后代创造永恒的幸福。

点评

"为天地立心，为生民立命"，这是宋代理学家张载所说，后面还有"为往圣继绝学，为万世开太平"两句。早在先秦社会，当时的圣贤就提出了"内圣外王"的修养功夫，这也是"先成己而后成物"的人生哲学。物有本末，事有终始，做人必须由此根本开始。陆九渊说:"使此心不昧,即是作工夫本领。"在古圣贤看来,"不蒙蔽良心,不违背人情,不浪费物力",是最基本的为人之道,如果连这一点都做不到,做不好,那就根本谈不到"为天地立心,为生民立命"的千秋伟业。

一八六、唯恕情平,唯俭用足

居官有二语,曰:"唯公则生明,唯廉①则生威②。"居家有二语,曰:"唯恕则情平,唯俭则用足。"

▌注释

①廉:清廉正直。②威:仪容严肃使人敬畏。

▌译文

做官有两句格言:"只有公正才能清明,只有廉洁才能威严。"治家有两句格言:"只有宽容才能平和,只有节俭才能富足。"

▌点评

"海纳百川,有容乃大;壁立千仞,无欲则刚。"做官要态度无私才能判案公正,行为清廉才能使人敬服;治家要多替他人着想,心情自然平和,生活节俭家用就能充足。不论做官或者治家,都要以身作则,才能清正廉明。儒家讲究"忠恕"之道,忠是忠诚,恕是宽恕。子贡问孔子:"有一言可以终身行之者乎?"孔子说:"其恕乎!己所不欲,勿施于人。"朱子治家格言:"一粥一饭,当思来处不易;半丝半缕,恒念物力维艰。"其中道理值得深思。

一八七、富贵知贫,居安思危

处富贵之地,要知贫贱的痛痒①;当少壮之时,须念衰老的辛酸。

▌注释

①痛痒:比喻痛苦。王阳明《传习录》:"如耳目之知视听,手足之知痛痒,此

知觉便是心也。"

译文

身处富贵之位,要了解贫穷人家的艰辛;时逢年轻力壮,要理解衰老之人的悲哀。

点评

古语云"晴带雨伞,饱带饥粮",告诫人们在高处时要为低处着想,顺遂时也要考虑失意时。人有穷困,也有显达;有顺境,也有逆境。富贵时,要怜惜穷人的痛苦,多行善事;年轻力壮时,要想想老人的心酸,加以体恤。少壮不努力,老大徒伤悲,年轻的时候,要珍惜青春及时努力,多创造多积蓄,才能为晚年生活打下基础。

一八八、气量宽宏,兼容并包

持身不可太皎①洁,一切污辱垢秽,要茹纳得②;与人不可太分明,一切善恶贤惠,要包容得。

注释

①皎:光明洁白。②茹纳得:忍耐得下。

译文

做人不能太清高,所有脏污、羞辱、毁谤都要有所容忍;与人相处不能太过计较,所有善良、邪恶、贤惠、愚蠢都要有所包容。

点评

"泰山不让土壤,故能成其大;河海不择细流,故能就其深;王者不却众庶,故能明其德。"人间并非桃源,身处其中要有宽宏的气量,有容纳才有成就。电影《天下无贼》中有句台词说:"容得下弟兄,才能当大哥。"不失为一句颇有道理的幽默之言。每个人有缺点也有优点,只要善加识别有所取舍,皆可成为借鉴。所以,孔子说:"三人行必有我师,择其善者而从之,其不善者而改之。"

一八九、小人有对头，君子无私惠

休与小人仇雠①，小人自有对头；休向君子谄媚②，君子原无私惠。

▎注释

①仇雠：敌对结怨。《尚书·微子》："小民方兴，相为敌雠。"②谄媚：用不正当言行博取他人欢心。

▎译文

不要与小人结下仇怨，小人自有他的对头；不要向君子讨好献媚，君子不因私情而施恩。

▎点评

世上小人很多，一旦惹到小人，就会给你暗地里下绊子，背后说坏话，种种伎俩，令人防不胜防。因此作者警告我们，不要和小人轻易结下仇怨，至少保持一定的距离，表面不露嫌弃的神态。"卤水点豆腐，一物降一物"，鸟吃虫，猫捕鼠，这是大自然的平衡法则。"恶人自有恶人磨"，小人自有人来对付，所以不要与之轻易结怨，以免受到毒害。同样，也不必向正人君子刻意谄媚，因为他们自有其立身处世的原则，不会为了私情而法外开恩。

一九〇、疾病易医，事理难明

纵欲之病可医，而势理之病①难医；事物之障可除，而义理之障②难除。

▎注释

①势理之病：固执己见自以为是。②义理之障：真理上的障碍。

▎译文

放纵情欲的毛病可以医治，固执己见的毛病却难纠正；物理上的障碍能够铲除，义理上的障碍却难排除。

点评

俗话说"知过能改,善莫大焉",有改过自新的心思,就是最大的"善",所以"浪子回头金不换"。孔子劝诫世人"过则勿惮改",就是提醒人们要敢于认错,勇于改正。王阳明说"去山中贼易,去心中贼难",是说心理上的惯性思维和扎根定型的陋俗是难以纠正的。比如和某些人讲道理,永远是讲不通的。因为他固执己见自以为是,绝不承认自己有错误,更加不会主动改正。而且这种人有"护短"的毛病,你不能去指正他的缺点和不足,不然就会恼羞成怒翻脸无情。可见"他人即地狱",若是内心处于不同的世界,就会难以相互理解。

一九一、百炼之金,千钧之弩

磨砺①当如百炼之金,急就者非邃养②;施为宜似千钧③之弩④,轻发者无宏功。

注释

①磨砺:磨炼。②邃养:高深修养。③钧:三十斤为一钧。④弩:用机械力量发射的弓。

译文

磨砺意志要像锻炼钢铁,急于求成没有高深修养;言行举止要像使用千钧之弩,轻松拨动不会建立伟业。

点评

人生不仅要有力度和厚度,还要有深度和广度。修养身心好比锻炼钢铁,百炼方可成金,"百炼钢能成绕指柔",讲的就是不断磨炼反复陶冶的功效。急于求成,浅尝辄止,终究会流于浮浅。"若要功夫深,铁棒磨成针。"不论做人还是做事,都要按部就班稳扎稳打,其间没有捷径可走,投机取巧者,只能收一时之效,而不能成立大功。所以,孔子说:"无欲速,无见小利,欲速则不达,见小利则大事不成。"

一九二、口蜜腹剑，认识清楚

宁为小人所忌毁，毋为小人所媚悦①；宁为君子所责备，毋为君子所包容。

▶ 注释

①媚悦：本指女子以色取悦于人，这里指用不正当的言行博取他人欢心。

▶ 译文

宁可遭受小人的嫉恨与毁谤，也不被小人的取宠献媚所迷惑；宁可受到君子的责难训斥，也不被君子的雅量所包容。

▶ 点评

世上的人除了以色取媚于人的女子，还有以甜言蜜语来迷惑别人的小人。"口蜜腹剑"的故事是说唐朝宰相李林甫，看到有才识和能力超过自己的，就千方百计加以铲除，他表面与人交好，以甜言蜜语来奉承谄媚，背地里却加以陷害。所以世人称李林甫"口有蜜，腹有剑"。遭受小人打击和毁谤，还是明处的斗争。受小人迷惑，可能到死也不知道怎么回事，仍然把陷害自己的人当朋友。"良药苦口利于病，忠言逆耳利于行"，是说受到君子责备应该值得庆幸，可以发现自己的缺点和不足，及时加以补正。若被君子的雅量所包容，就失去了认识自我的机会。

一九三、好利害浅，好名害深

好利者逸出①于道义之外，其害显而浅；好名者窜入②于道义之中，其害隐而深。

▶ 注释

①逸出：超出。②窜入：隐藏在。

▶ 译文

好利之人，其行为超出道义的范围，其危害很明显也容易防范；好名之人，其言行隐在道义之中，其危害不明显却很深远。

点评

冷眼旁顾世人奔波忙碌，无非是为了名利。追逐利益的人，其行为和手段很明显，造成的危害也不大。反之，沽名钓誉的人，大多假借仁义道德来争取人们的拥戴，甚至大言不惭欺世盗名，他们所做的坏事就很隐蔽，一时难以发现，所造成的危害是很大的，往往后患无穷。比如有些政客，声称为民众解决问题，其实是为了猎取名利，真正涉及民生疾苦的时候，则敷衍塞责、推来推去。如此官员，可谓"其害隐而深"。

一九四、滴水之恩，涌泉相报

受人之恩虽深不报，怨则浅亦报之；闻人之恶虽隐不疑①，善则显亦疑之。此刻之极②，薄之尤也，宜切戒之。

注释

①虽隐不疑：他人所做的坏事虽不明显也不怀疑。②刻之极：刻薄到了极点。

译文

受人恩惠，虽然很深却不报答，有了怨恨就设法报复；听到他人做坏事，即使很隐约也坚信不疑，明知他人做了好事，却加以怀疑。这实在是刻薄到了极点，这样的行为应该戒绝。

点评

俗话说"受人滴水之恩，当涌泉相报"，恩怨分明，隐恶而扬善，这是大多数中国人的恩怨观。当有人问孔子："以德报怨何如？"孔子说："何以报德？以直报怨，以德报德。"另有一种人，深受他人恩惠却不知回报，有了怨恨却千方百计报复；听到别人做了坏事也不深入调查就坚信不疑，听到别人做了好事却持怀疑的态度，这种尖酸刻薄的处世态度，显然是应该戒绝的。

一九五、谗言蔽日，蜜语侵肤

谗夫①毁士，如寸云蔽日，不久自明；媚子阿人②，似隙风③侵肌，不觉其损。

▶ 注释

①谗夫：颠倒是非害贤妒能的人。②阿人：谄媚取巧曲意奉承的人。③隙风：从门窗、墙缝吹进的风。也称邪风，吹到身上容易生病。

▶ 译文

搬弄是非、恶言毁谤的小人，就像浮云遮住太阳，不久就会被吹散而重见光明；阿谀奉承、巴结他人的小人，就像门缝中吹进的邪风侵害肌肤，使人暗中受到伤害。

▶ 点评

天有阴晴，时分寒暑。世情险恶，既有正人君子，也不乏奸邪小人。小人们嫉妒贤能，恶言毁谤，阿谀奉承，播弄是非，做尽坏事却自以为得意。当然，"谣言止于智者"，是"金子总要散发光芒"，恶语伤人只能蒙蔽一时，很快就会云散而见光明。对于甜言蜜语，阿谀奉承的小人尤要注意，因为"软刀子杀人不见血"，可能会使人不知不觉中受到伤害。鲁迅说要提防被人"捧杀"，正是此意。

一九六、戒高绝之行，忌偏急之衷

山之高峻处无木，而溪谷回环则草木丛生；水之湍急处无鱼，而渊潭①停蓄②则鱼鳖聚集。此高绝之行，偏急③之衷，君子重有戒焉。

▶ 注释

①渊潭：深潭。②停蓄：水止不流。③偏急：狭隘到了极端。

▶ 译文

高峻的山峰不长树木，蜿蜒的溪谷却草木丛生；湍急的水流不生鱼虾，平静的深潭则聚集鱼鳖。清高的行为，偏激的心理，君子应当努力引以为戒。

点评

可以追求高洁，但不可过于孤僻；应当胸怀壮志，但不可过于偏激。"阳春白雪，和者必寡；下里巴人，和之者众。"行为高洁，以致孤僻偏急，就会远离世道人心，只有个人趣味。人们常说"平凡中孕育着伟大"，通过众人的烘托才有一呼百应的威力。生活中很多平凡的人，言行举止处处显露光辉。而那些自命清高，动辄自我吹嘘的人，都属于"高绝之行，偏急之衷"之辈，绝少群众的支持，其生活态度为君子所不取。

一九七、虚圆建功，执拗败事

建功立业者，多虚圆①之士；偾事②失机者，必执拗之人。

注释

①虚圆：谦虚融通。②偾事：败事。偾，败亡。

译文

建立功业的人，大多处世谦虚圆融；失去机会的人，一定性情固执倔强。

点评

古往今来，能够建立丰功伟业的人，大多有谦和圆通的一面，不然很难得到众人的支持。而有些人却成事不足败事有余，他们或喜欢惹是生非坐失良机，或固执己见听不进良言劝告。太露棱角，往往碰得头破血流；从容行事，才容易成功。老子在

《道德经》中说:"祸福无门,惟人自召。"世间万事成败的机缘全在于自身,不论做人还是做事,其间的道理一致。

一九八、处世之道,不即不离

处世①不宜与俗②同,亦不宜与俗异;作事不宜令人厌,亦不宜令人喜。

▶ 注释

①处世:生活在人世间。②俗:指世俗之人。

▶ 译文

处世既不同流合污陷于俗套,也不故作清高以示怪异;做事不应令人讨厌,也不曲意奉承讨人欢心。

▶ 点评

人生于世间,既然难以离群索居,便要和光同尘。既不同流合污陷于世俗的窠臼,也不过于标新立异自命清高,成为他人眼里的"另类"。既不到处惹人讨厌,也不曲意奉承他人。做事有主见,掌握好其中分寸,坚持自己的原则。《圆觉经》:"不即不离,无缚无脱。"意思是不太接近,也不太疏远;不束缚,也不脱离。钱泳《履园谭诗》:"咏物诗最难工,太切题则黏皮带骨,不切题则捕风捉影,须在不即不离之间。"可见,运用之妙,在于一心。

一九九、烈士暮年,老当益壮

日既暮而犹烟霞①绚烂②,岁将晚而更橙桔芳馨③。故末路晚年,君子更宜精神百倍。

▶ 注释

①烟霞:晚霞。②绚烂:光彩夺目。③芳馨:芳香。

译文

太阳快要落山时,晚霞散发出绚烂的光彩;一年将尽的晚秋,橙橘结出芬芳的果实。所以君子到了晚年,更应振作精神信心百倍。

点评

传统文化中颇有一些令人颓废的思想,比如"人过三十日过午","人到中年万事休",如是等等。甚至孔老夫子也说:"四十五十而无闻焉,斯亦不足畏也已。"人的衰老固然不可避免,但事在人为,绝不可以自甘堕落,陷入颓废的深渊。尽管"人生七十才开始"这样的话稍显夸张,但中年人理解透彻,经验丰富,四十多岁正是奋发有为创造事业的黄金时期,这一点不容否认。自古以来,大器晚成的例子到处可见。所以,我们应有"老当益壮"的精神,就像"岁寒而后知松柏之后凋",来证明自己拥有的苍劲之力。

二〇〇、聪明不露,才华不逞

鹰立如睡,虎行似病,正是它攫①人噬②人手段处。故君子要聪明不露,才华不逞③,才有肩鸿任钜④的力量。

注释

①攫:抓取。②噬:撕咬。③逞:显露。④肩鸿任钜:担负大责任。钜,通"巨"。

译文

老鹰站立半闭眼睛像在睡觉,老虎行走慵懒无力仿佛生病,这是它们猎取食物的手段。所以君子要做到不炫耀聪明,不显露才华,才能担负艰巨的任务。

点评

俗话说"深水不响,响水不深","一瓶水不响,半瓶醋晃荡",有真才实学的人,大多深藏不露,大智若愚。这也是动物界的生存之道。苍鹰看似昏睡,实则警醒无比;猛虎看似慵懒,实则蓄势待发。这是它们的生存手段,也是它们的高明之处。在人类社会,那些品学兼优的人,容易惹来小人的妒忌及恶意毁谤。"良贾深藏若虚，君子盛德容貌若愚"，所以，在人情险恶的环境，适当伪装以保护自己是必要的。

二〇一、过俭者鄙，过谦者伪

俭，美德也，过则为悭吝①，为鄙啬，反伤雅②道；让，懿行③也，过则为足恭④，为曲谨，多出机心⑤。

▶ 注释

①悭吝：小气、吝啬。②雅：高尚、不俗。③懿行：美好的行为。④足恭：过分恭敬。⑤机心：诡诈狡猾的用心。

▶ 译文

俭朴是美德，过分俭朴就是小气，乃至鄙吝，反而伤害了人际交往的雅趣；谦让是美德，过分谦让就是卑躬屈膝，谨慎不够大方，反会多出巧诈的心思。

▶ 点评

人们常说"过犹不及"，真理前进一步就会变成谬误。儒家主张"中庸之道"，正是这个道理。节俭固然是美德，过分节俭就成了吝啬，甚至守财奴；谦让固然是美德，过分谦让就成了谄媚，乃至虚伪。从节俭到守财奴，从谦让到虚伪，已经背离了事物的初衷，跨越了事物的底线，以致走向了事物的反面。从量变转为质变，成了小人之举，所以，孔子认为"巧言令色足恭"是可耻的事。

二〇二、喜忧安危，勿介于心

毋忧拂意①，毋喜快心②，毋恃久安，毋惮③初难。

▶ 注释

①拂意：不如意的事。拂，违背、不顺。②快心：称心如意。③惮：畏惧、害怕。

译文

不要为不顺心的事发愁,不要为短暂的欢乐疯狂,不要依赖长久的安定,不要畏惧创业初始的艰辛。

点评

失意是得意的基础,失败乃成功之母,所以,不要因为一点不顺遂就忧心忡忡。得意是失意的根源,成功之后难以守成,所以,不要为一时的欢乐而忘形。长久的安居可能削弱奋斗的勇气,最初的困难也许是成功的开端。坦然面对人生的起起落落,以变化的态度迎接各种挑战,只要怀着热情一如既往,就会使学问事业蒸蒸日上。

二〇三、声色名利,不可过贪

饮宴之乐多,不是个好人家;声华之习①胜,不是个好士子②;名位之念重,不是个好臣士。

注释

①习:习惯。②士子:指读书人或学生。

译文

经常宴饮作乐的,不是正派人家;喜欢声色华服的,不是正经读书人;过于看重名望和地位的,不是好官吏。

点评

佛家认为,世间一切皆如梦幻泡影,亦如电光石火。人生本无得意或失意之说,所谓声色犬马宴饮高歌,不过是一种观念上的感受。天天饮酒作乐的,不过是醉生梦死;总是留恋声色的,不过是淫靡无知。读书人经过"十年寒窗,一举成名",自有一番欢喜若狂的兴奋,但此后的路还很漫长,所以仍要戒骄戒躁,才能走得更远。孔子说:"君子食无求饱,居无求安,敏于事而慎于言,就有道而正焉,可谓好学也已。"以此作为人生的戒条,便可远离外来的诱惑,少走弯路。

二〇四、乐极生悲，苦尽甘来

世人以心肯①处为乐，欲被乐心引在苦处；达士以心拂②处为乐，终为苦心换得乐来。

▶ 注释

①心肯：顺心。肯，可。②心拂：不顺心。拂，违背。

▶ 译文

世人以满足欲望为快乐，常被寻欢作乐的心引到痛苦中去；豁达的人能忍受各种不如意，最终用劳苦换到真正的快乐。

▶ 点评

"十年寒窗无人问，一举成名天下知。"人的成功往往从艰苦寂寞中得来，这是苦尽甘来的果实。达观的人身处逆境而不以为苦，反能自得其乐，从中磨炼自己的意志，培养不屈不挠的品质。当然，在取得成功之后，仍要戒骄戒躁，争取百尺竿头更进一步。若是以此来满足私欲，放纵自己，就会发生乐极生悲之事。

二〇五、过满则溢，过刚则折

居盈满①者，如水之将溢未溢，切忌再加一滴；处危急者，如木之将折未折，切忌再加一搦②。

▶ 注释

①盈满：充满。②搦：按压。

▶ 译文

权力达到鼎盛时，就像缸中的水要溢出，切忌再加一滴；处在危急状况时，就像树木即将折断，切忌用力按压。

▶ 点评

人们常说"最后一根稻草"，当骆驼的负重达到了极限，最后一根稻草也会把它压死。事物发展到了临界点，承受能力已经达到了极限，这时不能随意动作，要么减压，要么保持现状，不然就会"物极必反"。俗话说"身后有余忘缩手，眼前无路想回头"，如果不能明白知足常乐、盈亏循环的道理，就会成败逆转，走向事物的反面。所以，凡事适可而止，永远处于不满足的状态，好自保持，才不会招致失败。

二〇六、冷眼观人，冷耳听语

冷眼观人，冷耳听语，冷情当感①，冷心思理。

注释

①当感：对待念头。

译文

用冷静的眼光观察他人，用冷静的耳朵听人说话，用冷静的情感主导意识，用冷静的头脑思考问题。

点评

观察人是一门学问，也是一项技能。人不能离群索居，故要有观察他人的能力，这有利于识人用人。如何观察人呢？孔子主张"视其所以，观其有由，察其所安"，作者提出观察他人要"冷眼旁观"，一个"冷"字道出了知人知己的学问。观察人的善恶，考察人的能力，判断人的思想，不能凭一时印象，也不能感情用事，要不动声色看他说什么，做什么，透过现象看本质。"万物静观皆自得"，热情如火固然可以给人以生命力和无限温暖，但冷眼观世界却能使人思考精密，经过思考反省，由此得出准确的结论。

二〇七、心地宽舒，福泽绵长

仁人心地宽舒，便福厚而庆长①，事事成个宽舒气象；鄙夫②念头迫促，便禄薄而泽短，事事得个迫促规模。

注释

①庆长：福禄绵长。庆，福禄吉祥。《易经·文言》："积善人家必有余庆。"②鄙夫：鄙陋之人。

译文

仁慈的人心胸坦荡，所以能够福泽绵长而恒久，事事表现出宽宏大度的气概；浅薄的人心胸狭窄，所以福禄微薄而短暂，凡事都透出紧迫局促的规模。

点评

俗话说"傻人有傻福"，道理在于憨厚的人心地宽厚，不会耍心眼，平时很少有烦恼忧愁。淡泊处世，一切随缘，大度能容，坦然应对人生的变局，虽然看似不够精明，却带来一生的平安和幸福。与之相反，那些浅薄无知的小人，自以为很聪明，到处耍心眼，玩手段，遇事只讲利害不讲道义，从不考虑他人的利益，这种人即便获取一时的成功，终究不会有好下场。

二〇八、闻恶防谗，闻善防奸

闻恶不可就恶①，恐为谗夫②泄怒；闻善不可即亲，恐引奸人进身。

注释

①就恶：立刻厌恶。②谗夫：说坏话的小人。《荀子·修身》："伤良曰谗，害良曰贼。"

译文

听到别人犯错误，不能马上就表示厌恶，以防有人诬陷泄愤；听到别人做好事，不要立刻跑去亲近，以防奸人作为升官的手段。

点评

兼听则明，偏信则暗。生活中有很多"恶人先告状"的例子，听到某人做了坏事或犯了错误，不要马上表露厌恶的神态，更不要因此立即加以惩罚，以防有人栽赃陷害以泄私愤。听到某人做了好事，不要立刻跑去亲近或表示赞赏，因为生活中有很多奸邪的小人，自播善名以为升官谋财的手段，必须有一番冷静的观察，才能调查清楚事实。"说是非者，必是是非之人"，那些总是说三道四或在他人面前挑拨离间的人，一般来说不会是好人。

二〇九、躁急无益，平和是福

性躁①心粗者一事无成，心和气平者百福自集②。

注释

①性躁：性情急躁。②集：聚集。

译文

急躁粗心的人，没有什么事能成功；心地平和的人，各种福分自会降临。

点评

性情急躁的人大多缺乏耐心，做事又不细致，总是急于求成粗心大意，这致命的弱点决定了他们做事不易成功。俗话说"慢工出细活"，无论求学还是做事，都要专心细致，完全投入其中。内心处于宁静的状态，则能产生智慧的果实。"智欲圆而行欲方，胆欲大而心欲细"，智慧圆融行为端正，细心细致就有成功的希望。《大学》"定而后能静，静而后能安，安而后能虑，虑而后能得"，其实就是训练自我"淡泊明志、宁静致远"的修养功夫。

二一〇、用人不刻，交友不滥

用人不宜刻①，刻则思效者去；交友不宜滥②，滥则贡谀③者来。

注释

①刻：刻薄、苛刻。②滥：随意、过分。③贡谀：逢迎讨好。

译文

用人要宽厚不可刻薄,刻薄会使前来效忠的人离去;交友不应随意,滥交会使阿谀奉承的人来到身边。

点评

识人不易,用人尤难。对于领导来说,对待员工不要太苛刻,太苛刻就会引发消极怠工,也不要以权压人,以致员工忍辱负重疲劳不堪。不正常的上下级关系只会拉后腿,形成滞后力。朋友不在多,而在于精,患难与共、直言过失的才是益友,酒肉朋友相互依附,再多也没有用。关于交友之道,孔子主张"无友不如己者",是说交友要慎重,要有高度,不要什么人都交,一旦交到品质恶劣的朋友,就会影响自己的发展。他在《论语》中说:"益者三友,损者三友:友直,友谅,友多闻,益矣;友便辟,友善柔,友便佞,损矣。"

二一一、立场坚定,着眼高处

风斜雨急①处要立得脚定,花浓柳艳②处要著得眼高,路危径险③处要回得头早。

注释

①风斜雨急:比喻形势紧急严峻。②花浓柳艳:比喻有姿色的女子。③路危径险:指人生路处于紧要关头。

译文

急风暴雨的环境要站稳脚跟,花莺柳燕的温柔乡要放眼高处,险恶莫测的境地要能及早回头。

点评

动乱时代的局势瞬息万变,要站稳脚跟把握立场,任凭风吹雨打岿然不动,才不会被狂涛巨浪吞噬。孔子说"唯女子与小人为难养也",也可理解为"自古红颜多祸水"。在灯红酒绿的淫靡场所,处身于姿色艳丽的女人中间,要眼光辽阔把持自己,才不会被美色迷惑。一时沉溺贪图片刻的享受,也许招来致命的危险。人生充满各种考验,但紧要处往往只有几步。当事情发展到危急时刻,就要急流勇退,以免深陷污浊之中不能自拔。只有站得高才能望得远,辉煌的风景永远属于高瞻远瞩的人,只有这种人才能在迷雾中看清前途。

二一二、和衷共济,谦德承功

节义之人济以和衷①,才不启忿争之路②;功名之士承以谦德③,方不开嫉妒之门。

注释

①和衷:温和的心胸。②忿争之路:愤怒相争。③谦德:谦虚的美德。

译文

崇尚节义的人,必须与人和衷共济,才不至于发生意气之争;功成名就的人,要保持谦虚的美德,才不会招致人们的嫉妒。

点评

节义,是古人常有的价值观。有节义的人气质刚强,性情容易倾于刚烈,常会与人激烈相争。刚强有意气是其优长,有时偏激是其所短。为了取长补短,就要时时提醒自己做事要温和,如此才能缓和激烈的个性,与众人保持良好的关系。俗话说"树大招风",处身于高位,成就了功名,要注意收敛自己的言行,如果恃才傲物骄傲自大,就会引来他人的嫉妒,甚至众人的愤怒。

二一三、居官有节，居乡有情

士大夫居官，不可竿牍①无节，要使人难见，以杜②幸端③；居乡，不可崖岸④太高，要使人易见，以敦旧好。

注释

①竿牍：简牍，指书信。②杜：杜绝。③幸端：投机钻营者巧言求进。④崖岸：山崖堤岸，比喻孤傲清高使人难以接近。

译文

做官的读书人，不可书信往来无节制，对于外人要严肃恭谨使之难见，以防投机取巧奔走钻营之人；退职赋闲时，不能过于清高自傲，要态度温和平易近人，才能睦邻友好增进感情。

点评

身居高官和退休赋闲，是两种不同的人生境遇。在职时常是车水马龙络绎不绝，这时不要与人交往毫无节制，对于外人仍要保持严肃恭谨的态度，以维护尊严和坚持原则，避免走后门请托办事。退休赋闲在家，常是门庭清静可以罗雀，这时就要以普通人的身份出现，在家乡父老面前态度温和，与群众打成一片。两种不同社会角色的转变，总要保持个人的品质气节，同时要根据环境而随时调整。

二一四、敬畏之心，不可不有

大人①不可不畏，畏大人则无放逸之心；小民亦不可不畏，畏小民则无豪横②之名。

注释

①大人：卿大夫，指有官位的人。②豪横：强硬蛮横。

译文

对有道德名望的人不能不敬畏，有所敬畏就会不生轻浮之心；对于平民百姓也不能不敬畏，有所敬畏就不会有强梁蛮横的恶名。

点评

所谓"大人不可不畏"，孔子有明确分析："君子有三畏，畏天命，畏大人，畏圣人之言；小人不知天命而不畏，狎大人，侮圣人之言。"对于浩渺宇宙乃至天地自然，人要有敬畏之心；对于道德声望乃至节义品行，亦要有敬畏之心。人若没有敬畏之心，就会恣肆放荡，轻浮无知，处处显露"无知者无畏"的丑态。常见"张扬个性"的小人，玩弄世态人情，自以为得意，却总是引来人们的暗笑。

二一五、逆水行舟，不进则退

事稍拂逆①，便思不如我的人，则怨尤②自消；心稍怠荒③，便思胜似我的人，则精神自奋。

注释

①拂逆：不如意。②怨尤：指责，归罪。③怠荒：懒惰，懈怠。《商君书·弱民》："民畏死，事乱而战，故兵农怠而国弱。"

译文

处事不顺心时，想想那些不如自己的人，怨恨自会消失；懈怠慵懒时，想想那些强过自己的人，就会振作起精神。

点评

事业没有一帆风顺的，前进中遇到挫折是难免的。"人生不如意事十常八九"，意志不坚的人，遇到挫折就会怨天尤人。但是观察一下，世间有很多人的景况还远不如我，所谓"比上不足，比下有余"，"前人骑马我骑驴，后面还有推车的"，都说明了这种"逆境时比于下"的道理。人在成功时最易堕落，这时就要切记"学如逆水行舟，不进则退"、"心如平原纵马，易放难收"的道理。

二一六、不可轻诺，不可生嗔

不可乘喜而轻诺，不可因醉而生嗔①，不可乘快而多事，不可因倦而鲜终②。

注释

①嗔：生气。②鲜终：指有始无终。

译文

不要因为高兴而轻易许诺，不能因为酒醉而乱发脾气，不能因为冲动而惹是生非，不能因为疲倦而有始无终。

点评

有的人喜欢被奉承，一时高兴就会轻易许诺，这种弱点往往被人利用。有的人喜欢借酒装疯，放纵言行，做一些不负责的事，这是酒后无德。有的人意气用事，口无遮拦，只图一时之快，惹下许多无谓的麻烦。有的人做事情常常开了个头，就因为疲惫而放弃努力，形成了虎头蛇尾的局面，这就是"无不有始，鲜克有终"。以上几点是大家常犯的错误，在平时要引以为戒。

二一七、读书之乐，手舞足蹈

善读书者，要读到手舞足蹈处，方不落筌蹄①；善观物者，要观到心融神洽②时，方不泥③迹象。

注释

①筌蹄：筌蹄，竹制的捕鱼、捕兔的工具。《庄子·外物》："筌所以在鱼，得鱼而忘筌；蹄所以在兔，得兔而忘蹄。"②心融神洽：精神与外物融为一体。③泥：拘泥。

译文

善于读书的人，读到心领神会，才不会掉入文字的陷阱；善于观物的人，与事物融为一体，才不会停留在表面。

点评

孟子说:"尽信书则不如无书,吾于武成取二三策而已矣。仁者无敌于天下,以至仁伐不仁,而何其血之流杵也。"这是孟子对书中所记事实的大胆怀疑。读书不可死记硬背辞章文句,一味生吞活剥,否则就成了"食古不化"的书呆子。读书重点在于心领神会,还要能够存疑,辨明书中资料的真假,以此推陈出新,继承发展。"读书破万卷,下笔如有神。"读书读到了一定境界,才能厚积而薄发,深入而浅出。观察事物也是这样,深入其中排除干扰,达到物我两忘的境界,就会有大的突破。

二一八、勿以长欺短,勿以富凌贫

天贤一人,以诲①众人之愚,而世反逞②所长,以形③人之短;天富一人,以济众人之困,而世反挟所有,以凌人之贫。真天之戮民④哉!

注释

①诲:教诲。《论语·述而》:"学而不厌,诲人不倦。"②逞:炫耀、显示。③形:比拟、表露。④戮民:指有罪的人。

译文

上天让一个人贤能有智慧,是要他教导众人的愚昧,世间稍有才智的人,却喜欢卖弄才华,来暴露别人的短处;上天让一个人尊贵富有,是要他救济大众的困难,世间的有钱人却凭仗财富,欺凌别人的贫穷。这两种人是上天的罪人。

点评

古人讲"天地君亲师",是指那些可以教诲众人的才智之士。孙中山先生曾说:"人生以服务为目的,不以夺取为目的,聪明才智高的应为千百万人服务。"假如依仗自己的才智,在平庸的人面前摆弄,或凭借自己的财富,在穷困的人面前炫耀,就辜负了上天赋予他们的责任。"不患贫而患不均",社会的发展需要人们协调互助共同推动,因此,所有道德、宗教、政治、理想的力量都要用来平衡社会,在此基础上走向共同富裕,这才符合大多数人的利益。

二一九、中才之人,难与下手

至人①何思何虑,愚人不识不知,可与论学,亦可与建功。唯中才的人,多一番思虑知识,便多一番臆度②猜疑,事事难与下手。

注释

①至人:智慧贤能的圣人。《庄子·天下》:"不离于真,谓之至人。"②臆度:臆断,揣测。苏轼《石钟山记》:"事不目见耳闻,而臆断其有无,可乎?"

译文

智慧贤能的圣人处事无忧无虑,愚笨憨厚的愚人不会操心费神,既可以和他们研究学问,也能够与他们创建功业。只有才能中等的人,智慧不高,什么都懂一点,遇事考虑复杂而且疑心重,任何事都很难和他们合作。

点评

人们常说"不上不下最尴尬"。有智慧的圣人和愚笨的傻子,心地都是纯洁无私的,因此容易相处。孔子说"唯上智与下愚不移",是说聪明人和愚人都难以改变。只有那些智慧不高、心眼不少、见识不多、诡计不少的人最难交往,他们朝令夕改变化多端。所以,在日常生活中,要么向智者靠拢,在和谐的气氛中受到良好的熏陶;要么和愚者一起,在安全的环境中,避免令人生厌的人际交往。

二二〇、守口要密,防意要严

口乃心之门,守口不密,泄尽真机;真乃心之足,防意①不严,走尽邪蹊②。

注释

①意:意识。②邪蹊:指不正当的小路。

译文

口是心的门户,如果门户防守不严,就会泄露心中的秘密;意是心的双脚,如果双脚不够严谨,就会走上邪路。

点评

"病从口入,祸从口出。"一时的贪图享受,可能会引发疾病传染;一时的言语不慎,可能会造成终生遗憾。因此,嘴巴不仅不能乱吃东西,也不能胡言乱语。意志不坚是创业的大敌,情欲有如野马,纵之必然伤人。日常生活中,通过把握自己的意识,进而把握自己的言行,严防内心欲望的门户,以免走向生命的歧途。

二二一、责人宜宽,责己宜严

责①人者,原②无过于有过之中,则情平③;责己者,求有过于无过之内,则德进。

注释

①责:责备中含有期望。②原:原谅,宽恕。③情平:心气平和。

译文

对待别人要宽厚,要原谅他人的无知,这样相处就能心平气和;对待自己要严格,要在没错时找出不足,才能砥砺品德。

点评

古人讲"宽以待人,严以待己",是说对待他人要有宽容的心态,对待自己要有严格的情怀。人有两只眼睛,一是观察别人,二是观察自己。北方俗谚云:"乌鸦落在人身上,只见人黑不见己黑。"话虽粗糙,道理却不粗糙。这是因为人有护短的天性,发现别人的过错容易,看到自己的不足很难,所以我们必须闭门思过,防患于未然。就如孔子所说,每天"三省吾身","为人谋而不忠乎,与朋友交而不信乎,传不习乎?"

二二二、幼时定基,少时勤学

子弟①者,大人②之胚胎;秀才③者,士大夫之胚胎④。此时若火力不到,陶铸不纯，他日涉世立朝，终难成个令器⑤。

注释

①子弟：泛指年轻后辈。②大人：父母长辈。③秀才：泛指读书人。④胚胎：比喻事物的萌芽状态。⑤令器：指美才。《唐书·张昌龄传》："昌龄等华而少实，其文浮靡，非令器也。"

译文

小孩是大人的雏形，秀才是官吏的雏形。如果锻炼不够火候，陶冶不够精纯，走向社会或在朝做官，最终难以成为有用的人才。

点评

"玉不琢不成器，人不学不知义。"就像盖房子要打地基一样，一个人要想成为栋梁之材，必须在少年时就打好基础。"幼而学，壮而行"，说明了"知行合一"的道理。"少壮不努力，老大徒伤悲"，家长对待孩子的培养、锻炼要格外重视，使他们在"德智体美劳"各方面都有充分发展。若是放任不管，孩子长大了就很难禁受风雨。其中，需要把握的是"火候"，只有不紧不慢，不缓不急，有计划有步骤地进行教导才能使之陶冶精纯。

二二三、君子忧乐，亦怜孤独

君子处患难而不忧，当宴游而惕虑①，遇权豪而不惧，对茕独②而惊心。

注释

①惕虑：忧虑。②茕独：孤苦伶仃。无兄弟曰茕，无子曰独。

译文

君子身处患难而不忧虑，欢乐宴饮却知警惕，以免误入歧途，他们遇到有权势的人不会畏惧，遇到孤苦无依的人却予以高度的同情。

点评

君子立身于世，"安贫乐道"是其特点，他们"不以物喜，不以己悲"，"居庙堂之高则忧其民，居江湖之远则忧其君"，这是高度诗意化和理想化的个性概括，值得我们终身追求。君子尽管也在声色犬马的场所出现，但内心的警醒却使精神得到砥砺，不至于在灯红酒绿淫靡之中销蚀意志轰然堕落。君子并不畏惧权势和蛮横之人，他们可以为民请命，不辞辛苦，遇到老弱病残则予以同情和帮助。这是君子的风骨之所在。

二二四、松柏苍翠，大器晚成

桃李虽艳，何如松苍柏翠之坚贞？梨杏虽甘，何如橙黄桔绿之馨冽①？信乎，浓夭②不及淡久，早秀不如晚也。

▶ **注释**

①馨冽：清香凛冽。②浓夭：美色早逝。夭，夭折。

▶ **译文**

桃李盛开虽然鲜艳，但怎比得上松苍翠柏四季常青？梨杏结果其实甘甜，但怎比得上黄橙绿橘散发芬芳？确实如此，美色早逝不如清淡长久，少年得志不如大器晚成。

▶ **点评**

"自古好物不坚牢"，桃李鲜花虽然艳丽一时，但远不如松柏之长青。容易消逝的美色，远远不如清淡的芬芳。光开花不结果，只是一种有缺憾的美。开花又结果，才是最完美的结合。"好花不常开，好景不常在"，因此，"少年得志"容易产生骄狂的心态，以致踏上生命的误区。大器晚成的人，由于饱经沧桑历尽忧患，必能体会创业的艰辛而安于守成。

二二五、静中见真境，淡中现本然

风恬浪静①中，见人生之真境；味淡声稀处，识心体②之本然。

▶ **注释**

①风恬浪静：比喻平静的生活。②心体：指内心深处。

译文

风平浪静的安定环境，可以发现人生的真境；粗茶淡饭的闲散生活，可以体会内心的本性。

点评

"沧海横流，方显英雄本色"，在大动乱的年代，到处充满惊涛骇浪，可以考察人的智慧，磨炼人的意志。然而，在风平浪静的和平年代，却可以体会人生的真谛。人在宁静中，才能返璞归真。一切名利、是非、功过、善恶，或许都是违背初衷，不是发自本心。但在人世间，这些毕竟存在着，无可避免。"恬以养志"，粗茶淡饭的生活，可使我们提高德业，保持淡泊的情怀。

下卷

一、乐者不言，言者不乐

谈山林①之乐者，未心真得山林之趣②；厌名利之谈者，未必尽忘名利之情。

注释

①山林：指隐士居处。②趣：味。李白《月下独酌》："但得醉中趣，勿为醒者传。"

译文

谈山林之乐的人，未必能领悟山林之趣；说讨厌名利的人，未必能忘却名利思想。

点评

看一个人嘴上说的，不如看一个人的实际行动。口若悬河的人，可能行动乏力。沉默不语的人，反会身体力行。所以，"君子敏于行而讷于言"。言行不一是很多人会犯的毛病，有时候是心有余而力不足。比如，俗世的生活实在令人厌倦，总想住进深山，可是真要"来一场说走就走的旅行"，脱离城市繁华，又很难做到。也有些人，虽然口头表示对名利毫不在意，内心却无比渴望升官发财。真正淡泊名利的人，说与做融为一体，浑然天成，也就无所谓好恶了。

二、省事为适，无能全真

钓水①，逸事也，尚持生杀之柄②；弈棋，清戏也，且动战争之心。可见喜事③不如省事之为适，多能不若无能之全真④。

注释

①钓水：指临水垂钓。②柄：器物的把柄，这里指权柄。《韩非子·问田》："治天下之柄。"③喜事：好事的人。④全真：保全本性。

译文

水边钓鱼是清闲洒脱的事,却掌握着鱼儿的生杀之权;下棋是高雅轻松的娱乐,却充斥着争强斗胜的心理。可见,多一事不如少一事,多才不如无能保全自己。

点评

多一事不如少一事,少一事不如无事。就老庄哲学而言,"无为而无不为",自然会优哉游哉。世事如棋局,凡事不可强求,如庄子所说"至乐无乐"。但就儒家的进取思想而言,人生就是一场战斗,时代不停前进,人亦不能离群索居,而应积极参与社会建设。当今社会发展到了有"核武器"的时代,构成了威胁人类社会的大问题。这不再是钓鱼、下棋是否意味着厮杀的问题。现代社会,大规模的战争无一不是披着正义的外衣。是否要战斗,为谁而战斗,这是首先要想清楚的问题。

三、乾坤幻境,天地真吾

莺花茂①而山浓谷艳,总是乾坤②之幻境③;水木落④而石瘦崖枯,才见天地之真吾⑤。

注释

①莺花茂:形容百花齐放,山鸟齐鸣的景象。莺,一种小型鸟雀,嘴尖而短,体黄灰色,叫声清脆。②乾坤:指天地。③幻境:虚空之境,比喻世事。④水木落:秋天时泉水干涸,树叶凋落。⑤真吾:真实的我,指大自然的本来面貌。朱熹《四时读书》:"木落水尽千崖枯,迥然我亦见真吾。"

译文

鸟语花香草木繁茂,山谷溪流充满艳丽风光,一切不过是宇宙间的虚幻境象;流水干枯山崖清冷,才表现了天地间的本来面目。

点评

幻境依托众多外缘而存在,外缘稍有变化即消逝,所以,它的存在是短暂的、虚假的、不真实的。佛家从自然景象中所悟出的真理,就是"富贵功名转头空"。因为富贵功名只是过眼烟云,只有维护人的纯真本性才能得到人生乐趣,正如一首词所写:"滚滚长江东逝水,浪花淘尽英雄,是非成败转头空。青山依旧在,几度夕阳红,白发渔樵江渚上,惯看秋月春风。一壶浊酒喜相逢,古今多少事,都付笑谈中。"不论喜怒哀乐或富贵贫贱,直面自然人生一切随缘,这是世间最大的乐趣。

四、天地之闲,因人而异

岁月本长,而忙者自促;天地本宽,而鄙者自隘;风花雪月①本闲,而劳攘②者自冗③。

注释

①风花雪月:本指四时变化,引申为儿女闲情。苏轼诗有"风花误入开春梦,雪月长临不夜城"句。②劳攘:指形体与精神的劳碌、烦忧与困扰。③冗:繁忙。多而无用。

译文

自然界的岁月是悠长的,忙碌的人却觉得紧迫;天地间本来很辽阔,狭隘的人却觉得局促;春花秋月可供人欣赏调剂身心,庸碌的人却无事找事惹来烦恼。

点评

辛苦劳作时,渴望清闲;清闲无聊时,想去工作。时光匆匆过,不了解生命的真谛,就会陷入生命的误区。"独坐常忽忽,情怀何悠悠",过分的清闲或劳累,都会使人受拘束而蒙蔽本性。"高坡平顶上,尽是采樵翁,人人尽怀刀斧意,不见山花映水红。"为名利而奔波劳碌,是让私利挡住了眼睛,即使面前有美景,也被私心蒙蔽了。追求富贵是向"简中求",还是向"险中求",决定了不同的人生路。

五、盆池竹屋,意境高远

得趣不在多,盆池拳石①间,烟霞俱足;会景不在远,蓬窗竹屋下,风月自赊。

注释

①盆池拳石:形容空间狭小。

译文

生活的情趣不在景物多少,水池石头间,也能欣赏烟云霞光的景色;意会的景致不在远处,草窗竹屋下,也可享受清风明月的闲情。

点评

美好的景致,不在远近、高低、深浅、多少,贵在心领神会。懂得生活的情趣,一草一木也关情。所以,生活中并不是缺少趣味,而是缺乏感受的内心。精神的富有超过物质的享受,高雅的情调并不取决于财富的多少。乐贵自然真趣,景物不在多远。可从陶渊明的诗句中体会其中乐趣:"暧暧远人村,依依墟里烟。狗吠深巷中,鸡鸣桑树巅","山气日夕佳,飞鸟相与远。采菊东篱下,悠然见南山"。

六、梦中之梦,身外之身

听静夜之钟声,唤醒梦中之梦①;观澄潭之月影,窥见身外之身②。

注释

①梦中之梦:人生若是一场梦,吉凶祸福则是梦中梦。②身外之身:指人的本性,比如品德、灵性、智慧及思想。

译文

夜阑人静聆听远处的钟声,可以唤醒我们人生的大梦;潭水清幽细看倒映的月影,可以窥见身体之外的本性。

点评

人生不过百年,少则数十寒暑,和宇宙相比实在短暂。李白《春夜宴桃李园序》有"夫天地者万物之逆旅,光阴者百代之过客,而浮生若梦为欢几何"的感叹。张继《枫桥夜泊》:"月落乌啼霜满天,江枫渔火对愁眠。姑苏城外寒山寺,夜半钟声到客船。"吟咏此诗,恍觉人生是在梦中,又似梦非梦,等到万籁俱寂,钟声传来悠扬不息,才豁然顿悟。夜半或许无钟声,其实"此时无声胜有声",因为灵智的浮现才能看透人性的真实,所以佛家用"万古长空,一朝风月"点出生命的玄机。

七、天地万物，皆是实相

鸟语虫声，总是传心之诀；花英草色，无非见道之文。学者要天机清澈，胸次玲珑①，触物皆有会心处。

▶ 注释

①玲珑：指光明磊落。

▶ 译文

鸟的声音和虫的鸣叫，是大自然在传达心中的秘密；花的艳丽和草的翠绿都是阐明文章的哲理。学者要心灵透彻，胸怀光明，接触万物才能心领神会。

▶ 点评

常言道"一花一世界，一佛一菩提"。道，是可以悟的，但人的悟性不同，悟道的途径也不一样。而看破心性要诀和见道文章比比皆是，禅宗有"青青翠竹，悉是真如；郁郁黄花，莫非般若"句。由此观之，天地万物似乎历历如绘，人类为何不能大彻大悟呢？这是因为人心被烦恼和妄想所蒙蔽。只要心如止水，自然能把生命带入永恒之流，像"寂寞池塘，青蛙跃入水中央，泼刺一声响"这样的俳句，是多么优美而又扣人心弦的空谷足音。

八、读无字书,弹无弦琴

人解读有字书,不解读无字书①;知弹有弦琴,不知弹无弦琴②。以迹用③,不以神用,何以得琴书之趣?

▌注释 ▌

①无字书:指天地万物以及世态人情。②无弦琴:指宇宙间一切声响,即天籁。③迹用:运用形体。

▌译文 ▌

人们只会读用文字写成的书,却不去读无字的书;只知弹奏有弦的琴,却不知弹奏无弦的琴。用有形的东西,而不能领悟其神韵,怎能懂得弹琴和读书的乐趣?

▌点评 ▌

人的灵智开悟需要自我发现,自我培养,常言道"读万卷书,行万里路",读有字的书而不知运用是书呆子,读无文字的书虽不识字却能生灵智,因此禅宗主张"不立文字,以心传心"。例如,当陶渊明抚无弦琴自娱时,他说"若知琴中趣,何劳弦上音",若是听不懂其中道理,就像远隔山水,无法顿悟。生活本是一本书,不读生活这本无字书,怎么明白书中万般趣。可见,读书不在形式,而在神韵的把握。一位画家曾说"似我者死,悟我者生",正是这个道理。

九、心无物欲,坐有琴书

心无物欲,即是秋空霁海①;坐有琴书,便成石室②丹丘③。

▌注释 ▌

①霁海:浩瀚的大海。②石室:指珍藏物品或书籍所在。引申为神仙居处。③丹丘:指神仙居处,夜晚长明。丹,石之最精者;丘,小山坡。

▌译文 ▌

心中没有功名利禄的欲望,就像秋天的碧空和晴朗的海面;闲坐时有琴弦和书籍为伴,就像住在山中的神仙。

▶ 点评

孟子说:"养心莫善于寡欲:其为人也寡欲,虽有不存焉寡矣;为人也多欲,虽有存焉寡矣。"欲望最能蒙蔽人的本心,一念之欲不能控制,就会惹来天大的祸事。心底无私天地宽,保持心灵的纯粹明净,就能享受生活的情趣。经常留意琴棋书画,自然澄然心空,了却尘情,削弱俗念。其情景犹如仙人住在深山,"仙境不在远处,佛法只在心头"。

十、盛宴散后,兴味索然

宾朋云集,剧饮淋漓,乐矣,俄而漏尽烛残①,香销②茗③冷,不觉反成呕咽,令人索然无味。天下事,率类此,人奈何不早回头也?

▶ 注释

①漏尽烛残:指夜阑人静的时分。漏,漏刻,古计时器,在壶底穿孔,壶中立箭,上刻度数,即可知时。②香销:指檀香烧尽。古时宴会常用鼎置檀木燃烧,使满室生香。③茗:茶。杨衒之《洛阳伽蓝记》:"渴饮茗汁。"

▶ 译文

宾朋聚集一起,酣畅痛饮狂欢作乐,等到夜深人静,残烛燃尽,炉中的檀香已燃尽,醇美的香茶已冰冷,快乐也烟消云散,回想起来备觉无趣。天下事大多如此,为什么不及早回头呢?

▶ 点评

尽管"礼尚往来"是好事,但礼节太多,以致铺张浪费,却也让人难以承受。满座宾朋相聚,自然要大摆宴席痛饮狂欢。等到夜深人静,反觉豪饮之时似也显露了丑态,因此令人呕吐,回想那些美酒佳肴更觉索然无味。人间事莫不如此,太过分就会产生反效应。

汉武帝曾说"欢乐极兮哀情多",人间事都逃不过"盛极必衰,物极必反,乐极生悲"的法则。盛极一时的热闹场景,转瞬间悲声四起,足见世事无常。留恋歌舞之地,欢场上一时缱绻,不过是逢场作戏,等到情随事迁,留下的唯有寂寞与叹息。

十一、得个中趣,破眼前机

会得个中趣,五湖①之烟月②尽入寸里③;破得眼前机,千古之英雄尽归掌握④。

▶ 注释

①五湖:指太湖及其附近之四湖。王同祖《太湖考》:"五湖者,太湖之别名,以其周行五百余里,故以五湖为名。"②烟月:指山川景色。③寸里:心里。古以方寸称呼人心。④掌握:控制,此处有效法之意。

▶ 译文

能体会天地间蕴含的旨趣,五湖四海的山川景色便可纳入心中;能看破眼前道理的玄机,古今豪杰都可为我理解而任我效法。

▶ 点评

要想领会山川之趣,必须要有点文人雅兴。因此作者说,人间不论何事,只要能领悟其中旨趣,山川景物都能纳入心中。人间不论何理,只要能看透其中玄机,古今豪杰都会任我效法。文中所提的五湖,既是风景名胜之地,也是文人墨客游赏之处。杜甫咏岳阳楼有"吴楚东南坼,乾坤日月流"句,孟浩然则有"气蒸云梦泽,波撼岳阳楼"句。苏轼游赤壁,领悟了"天地之间,物各有主,苟非我所有,虽一毫而莫取。惟江上之清风,与山间之明月,耳得之为声,目遇之而成色,取之不尽,用之不竭"的人生哲理,范仲淹登岳阳楼更是抒发了"先天下之忧而忧,后天下之乐而乐"的高尚情怀。若不是领会了山川景色的真趣,断然难以写出如此精美的诗文名句。

十二、非上上智,无了了心

山河大地已属微尘,而况尘中之尘①;血肉身躯且归泡影,而况影外之影②。非上上智③，无了了心④。

注释

①尘中之尘：比喻人的渺小。也指世间生物。②影外之影：指身外的名利权位，转眼即逝。③上上智：最高的智慧。④了了心：透彻心。

译文

山河大地与广袤的宇宙相比，只是一粒微尘，人类不过是微尘中的微尘；血肉之躯相对无限的时间来说，只是一闪即逝的泡影，何况外在的功名富贵，不过是泡影外的泡影。所以，没有绝顶的智慧，不能有彻悟之心。

点评

宋代文豪苏东坡有"万象皆空幻，达人须达观"的旷达胸怀，他在《前赤壁赋》中说："寄蜉蝣于天地，渺沧海之一粟。哀吾生之须臾，羡长江之无穷，挟飞仙以遨游，抱明月而长终，知不可乎聚得，托遗响于悲风。……"

就宇宙来说，我们居住的地球不过是一粒尘埃，地球上的小小生物和宇宙相比真是小得可怜。就绵延无限的时间来说，我们的躯体犹如短暂的浪花泡沫，可见短暂的功名利禄，和万古无尽的时间来比像是过眼烟云。没有高深智慧的人，无法彻悟这种道理。

十三、人生苦短，宇宙无限

石火光中①争长竞短，几何光阴？蜗牛角上②较雌论雄，许大③世界④？

注释

①石火光中：指以铁击石所发出的火光一闪即逝，形容人生短促。②蜗牛角上：蜗牛的触角，比喻地方极小。典出庄子寓言："蜗之左角有国者曰触氏，蜗之右角有国者曰蛮氏，时相与争地而战，伏尸数万逐北，旬有五日反。"白居易诗有"蜗牛角上争何事，石火光中寄此身"句。③许大：多大。④世界：宇宙大地。佛经以过去现在未来为世，以东西南北上下为界。

译文

在电光石火般短暂的人生，较量长短，能争到多少光阴？在蜗牛触角般狭小的空间，你争我夺，能争夺到多大空间？

点评

百年人生，不过瞬间，如电光石火一闪即逝。这短暂的时光，不必去争名夺利。人类所占的宇宙空间，不过蜗牛一角，这狭小的地方，不必争强斗胜。佛说人生"如梦幻泡影，如露亦如电"，就是指明了人生的短暂，世事的荒谬。曹雪芹《好了歌》："世人都晓神仙好，只有功名忘不了。古今将相在何方？荒冢一堆草没了！"在有限的生命里，如何充分利用精力做些有意义的事，值得每个人深思。

十四、极端空寂，过犹不及

寒灯无焰，敝①裘无温，总是播弄②光景；身如槁③木，心似死灰，不免坠在顽空。

注释

①敝：破败。②播弄：颠倒是非。③槁：草木枯干。

译文

微弱的灯火没有光焰，破旧的棉衣丧失了温暖，这是造化弄人；衰败的身体像枯木，空虚的心灵像死灰，这样的人不免陷入冥顽的空境。

点评

人生的晚景，恰如微弱的孤灯失去了光焰，破旧的大衣失去温暖。肉身像是干枯的树木，心灵也犹如熄灭的死灰，这种人必然会陷入冥顽空虚。佛家以排除执着，使人归于空寂为宗旨。心在身中，身心相成。佛说"色即是空，空即是色"，并非指任何东西都是顽空。如死灰，如枯木，行尸走肉一般，虽然断绝了我执和物欲，实际上只是不作恶罢了，一无可取之处。可见，一个人是否具有生机，关键在于心灵火花的闪烁。所以，要时时保持心灵的生机，思想的活跃。

十五、迷途未远，今是昨非

人肯当下休，便当下了。若要寻个歇处①，则婚嫁虽完，事亦不少；僧道②虽好，心亦不了。前人云："如今休去便休去，若觅了时无了时。"见之卓矣。

▎注释 ▎

①歇处：指清静无人干扰处。②僧道：僧人和道士。

▎译文 ▎

要想就此罢休，就要当机立断快刀斩乱麻，不必等到万事俱备。若要寻个去处，就像婚礼结束，烦恼仍会不少；出家的僧道虽然清静，内心烦恼也断绝不了。古人说："能够罢休就罢休，若寻了时无了时。"这是真知卓见。

▎点评 ▎

不论做什么事，应罢手不干时，就要下定决心结束。假如犹疑不决想找个好时机再结束，就像男女结婚虽然完成终身大事，以后的家务和儿女生活问题还会很多。别以为和尚道士好当，其实他们的七情六欲也未必全除。在名利关头，人是很难做到急流勇退的。晋代陶渊明从官场脱身，毅然辞归田园，他在《归去来辞》说："归去来兮，田园将芜胡不归？即自以心为形役，奚惆怅而独悲。悟已往之不谏，知来者之可追。实迷途其未远，觉今是而昨非。"

十六、从冷视热，从冗入闲

从冷①视热②，然后知热处之奔驰无益；从冗③入闲，然后觉闲中之滋味最长。

注释

①冷：寂寞，闲散。②热：指名位权势。③冗：繁忙。

译文

从热闹繁华处冷静回头，才知热衷于名利是无益的；从忙碌转到安闲，才知安闲的趣味最长久。

点评

生活的经验来自生活的教训，只有对生活进行深刻的反思，才能明白其中的滋味。名利场的利欲熏心，非深入其中不能了解其浮浅无聊。冷眼旁观热衷名利的世人，就会发现奔波劳碌的生活实在无趣，悠闲安逸的滋味最为悠长。旷达之士以陶渊明为代表，其《归田园居》最能说明这种心境："少无适俗韵，性本爱丘山。误落尘网中，一去三十年。羁鸟恋旧林，池鱼思故渊。开荒南野际，守拙归田园。"

十七、轻视富贵，不溺酒中

有浮云富贵之风，而不必岩栖穴处①；无膏肓泉石之癖，而常自醉酒耽②诗。

注释

①岩栖穴处：指居住在深山洞穴。②耽：沉溺。《韩非子·十过》："耽于女乐，不顾国政则亡国之祸也。"

译文

视富贵荣华为浮云，不必住到深山幽谷；没有留连山水的癖好，经常写诗饮酒也自有乐趣。

点评

若把荣华富贵看成浮云敝屣，不必到深山幽谷去修养心性。只要品行高洁，不一定非去游历山水不可，生活中处处可以自我陶醉、自得其乐。"黄金若粪土，富贵如浮云"，这种英雄气概，只能属于圣人，所以孔子说："饭疏食饮水，曲肱而枕之，乐亦在其中矣，不义而富贵，于我如浮云。"

十八、恬淡适己，身心自在

竞逐①听人，而不嫌尽醉；恬淡适己，而不夸独醒。此释氏②所谓"不为法缠③，不为空缠④，身心两自在"者。

注释

①竞逐：竞争。②释氏：指佛祖释迦牟尼。③法缠：为事理所约束。④空缠：为虚无之理所困扰。

译文

听任别人争名逐利，但不因此疏远他们；保持恬淡的心境是为了顺应本性，不能因此夸耀清高。就是佛家所说"不被物欲蒙蔽，也不被虚幻所迷惑，身心俱逍遥自在"的人。

点评

清高的人不标榜自己，智慧的人不使用心机。"世人皆醉我独醒"，不标榜清高而又很清高的人，以"坐怀不乱"的柳下惠为代表，孟子称之为"圣之和"。为了清高而标榜清高，为了智慧而嘲笑他人，那么，清高也变成了庸俗，智慧也变成了愚蠢。

十九、心闲日长，意广天宽

延促①由于一念，宽窄系之寸心。故机闲②者，一日遥于千古；意广者，斗室③宽若两间。

注释

①延促：延长，短促。②机闲：忙中偷闲。③斗室：居室狭小。

译文

时间长短是因为主观感受，空间宽窄是由于心理体验。所以，若能忙里偷闲，即使一天也比千年长；只要意境旷达，即使斗室也如天地宽。

点评

万法唯由心造，内心是人的主宰。有哲人说，世上最短的是时间，最长的也是时间。时间可分为心理时间和物理时间，前者是心理感受，后者是实际时间。"春宵一刻值千金"，指心理时间；"一日不见如三秋兮"，说明了心理时间和物理时间差距之大。俗话说"房子永远少一间、衣服永远少一件"，房子大小只在心理是否知足，不知足永远嫌不够，能知足即使斗室也比天地宽。刘禹锡《陋室铭》："山不在高，有仙则名。水不在深，有龙则灵。"可见方寸之间，容纳大千世界，才算豁达人生。至于有理论物理学家提出时、空皆假，不过是意识的产物，只能说仁者见仁，智者见智。

二十、栽花种竹，去欲忘忧

损①之又损，栽花种竹，尽交还乌有先生②；忘无可忘，焚香煮茗，总不问白衣童子③。

注释

①损：减少。②乌有先生：西汉司马相如《子虚赋》中的人物，实无其人。③白衣童子：特指送酒之人。晋代陶渊明归隐田园，有朋友遣白衣童子送来美酒。

译文

把生活的物质欲望减到最低，种些花草颐养天年，将烦忧交给乌有先生；把生活琐事忘掉，焚起香烛烹制清茶，不问送酒的白衣童子是谁。

点评

人们对物质的占有欲是很强烈的，对生活的琐事更是不能忘怀，这是人的本性使然。作者看到世人如此汲汲于名利，总是劳心劳神，牵挂不必放在心上的东西，很盲目也很辛苦,就提醒大家放长眼光,注意修身养性,以颐养天年。由此进入物我两忘的境界,获得轻松快乐的生活。

二十一、知足则仙,善用则生

都来眼前事,知足者仙境①,不知足者凡境;总出世上因,善用者生机,不善用者杀机②。

注释

①仙境:景色清幽之处。②杀机:危机。杀,败坏。

译文

对于现实生活,能知足常乐就如在仙境,不知足者始终处在凡俗的境界;总结世间因果,善加运用就能处处生机,不善于运用就会陷于危机。

点评

凡对现实满足者,就会感受种种欢乐。欲海无穷,不满现实者,永远摆脱不了世俗的困境。老子《道德经》:"知人者刚,自知者明。胜人者有力,自胜者强。知足者常乐,强行者有志。不失其所者久,死而不亡者寿。"不知足的人,虽然富有其实贫困。一个人不论拥有多少财富,假如永远生活在争权夺利中,奔波忙碌的情景跟穷人并无差别。要想享受人生乐趣,唯一的信条就是"知足常乐",哪怕"一箪食,一瓢饮,身居陋巷",也不失为世上富有的人。

二十二、安守本分,远祸之道

趋炎附势①之祸,甚惨亦甚速;栖恬守逸之味,最淡亦最长。

注释

①趋炎附势:攀附权贵。

译文

攀附权势的人，惹来的祸害往往悲惨而迅速；坚守恬淡的生活，虽然平淡，趣味却悠远。

点评

"宁静以致远，淡泊以明志"，这是诸葛亮告诫世人的话，意味悠长。依附权贵固然能得到好处，但会招来大的祸患；安贫乐道固然寂寞一时，但由此得到的生活趣味也最浓。历史上有很多实例，那些奸佞之人趋炎附势，一时荣华富贵作威作福，然而曾几何时所依附的帝王没落，转眼间家破人亡，有的甚至祸及全族，其祸真是又惨又速。唯有那些不趋炎附势的人，能够安享恬淡的生活，既悠闲又快乐。

二十三、松涧望闲云，竹夜见风月

松涧边，携杖独行，立处云生破衲①；竹窗下，枕书高卧，觉时月侵寒毡②。

注释

①破衲：破旧的僧衣。②寒毡：寒酸的毛毡。

译文

松树溪涧旁，拄杖独行，站立处浮云升起，笼罩身穿的破袍；简陋竹窗下，疲倦了就枕书安眠，醒来时，月光照在薄毛毡上。

点评

世外桃源式的生活，是人们所羡慕和向往的。作者文中所写的老者，道骨仙风，显然

是世外高人。优哉游哉，闲云野鹤般的生活，特别适合老年人的闲散。"松涧边携杖独行，竹窗下枕书高卧"，充分体现了道家的"无为"思想。就儒家思想来说，这种"与闲云为友，以风月为家"的生活，虽然诗情画意，但青年人绝不可如此安逸，因为青年人要有积极进取的心态，勇敢创业的斗志，只有在功成名就后求取淡泊宁静，体验这种风雨无边的生活。

二十四、欲时思病，利来思死

色欲火炽，而一念及病时，便兴似寒灰；名利饴①甘，而一想到死地，便味如嚼蜡。故人常忧死虑病，亦可消幻业②而长道心③。

注释

①饴：饴糖，用米麦制成。②幻业：佛家语，造作的意思，凡造作的行为，一般以恶因为业。③道心：悟道之心。

译文

色欲之火炽烈无比，想到生病时的情形，兴致就会冷如死灰；功名利禄甘甜，想到死亡时，味道便如同咀嚼蜡丸。如果一个人常想到疾病和死亡，就可以消除幻业而培养道心。

点评

俗话说"色字头上一把刀"，历史上荒淫贪色的帝王，因为后宫宠妃不少，所以在纵欲伤身的前提下，大多早早就病死掉。可见一味好色，只会戕害身体。明代理学家主张"绝人欲，明天理"，就是这个意思。"戒色可保寿，戒斗可免祸，戒得可全名"，孔子忠告世人："君子有三戒：少之时血气未定，戒之在色；及其壮也，血气方刚，戒之在斗；及其老也，血气即衰，戒之在得。"如此种种，值得深思。若能远离情色欢娱，常想一下身后事，自能兴起修道之心。

二十五、退后一步,清淡一分

争先①的径路窄,退后一步,自宽平一步;浓艳的滋味短,清淡一分,自悠长一分。

注释

①争先:指争强好胜。

译文

人人竞争的道路最狭窄,退后一步,道路自然宽广;追求浓艳华丽,享受的滋味就短,清淡一些,趣味反而悠久。

点评

"退一步海阔天空,忍一时风平浪静。"就人生而言,除了应该艰苦奋斗、积极进取,还应该能够洞悉形势、当退则退。凡事不强求,留一分宽容,多一分谦逊。在路径狭窄处,不妨高姿态,退让以方便他人。高潮过后必然平淡,艰难困苦可以锻炼人的意志,"唯其难能,所以可贵"。假如世人都有这样的人生观,世间就没有这么多纷扰了。

二十六、忙不乱性,死不动心

忙处不乱性,须闲处心神养得清①;死时不动心②,须生时事物看得破。

注释

①养得清:内心谦和。②不动心:镇定,不畏惧。

译文

要想忙碌的时候心性不乱,就要在清闲的时候培养敏捷的头脑;要想在死亡面前不感到畏惧,就要在平时就对人生觉悟得透彻。

点评

要想做到"不乱性,不动心",必须对人生有所彻悟,建立正确的人生观。换句话就是说，人必须有信仰，有了信仰才能明白生存的要义，坚定自己的意志。孔子说"朝闻道夕死可矣"，孟子说"吾四十不动心"，这是他们彻悟人生的缘故。故而孔子被围困时说"天之未丧斯文也，匡人如其予何"，文天祥在狱中写《过零丁洋》，吟咏"人生自古谁无死，留取丹心照汗青"。以上种种，都是信仰的力量。

二十七、隐无荣辱，道无炎凉

隐逸林中无荣辱，道义路上无炎凉①。

注释

①炎凉：以气候变化比喻人情冷暖。炎，热。凉，冷。

译文

隐居山林的人生，没有荣耀与耻辱；追求道义的路途，没有冷暖与炎凉。

点评

隐逸山林，自可忘怀得失。没有荣辱之感，因为已摆脱世俗的窠臼，世间的成败得失、荣耀耻辱，不过是镜花水月。儒家主张入世，就其人生观而言，有积极的一面。同时，在道义路上要恩怨分明。有人问孔子"以德报怨何如"，孔子答："何以报德，以直报怨，以德报德。"儒家讲入世之道，凡事权衡轻重，处处以中庸之道为准。老子讲"出世"，就是"人我两忘，恩怨皆空"，并非有心"以德报怨"，而是不在意恩怨的缘故。

二十八、心静自然凉，乐观无穷愁

热不必除，而除此热恼①，身常在清凉台②上；穷不可遣③，而遣此穷愁，心常居安乐窝④中。

注释

①热恼：怨恨。②清凉台：心地。③遣：排遣。④安乐窝：舒适的处所。

译文

不一定要除去暑热，要去除暑热所带来的烦恼，保持清凉的心境即可；不一定要改变穷困，要排除穷困所带来的忧愁，保持安乐的心境即可。

点评

俗话说"心静自然凉"，固然属于心理感受，不过也是一种修行功夫。修养功夫达到炉火纯青的出家人，不但六根清净、四大皆空，对于寒暑冷热也可予以忽视，佛家说"安禅何必须冷水，减却心头火亦冰"，有当头棒喝的功效。至于贫富，更属于外在得失，何足挂怀？儒家圣贤颜回"一箪食，一瓢饮，在陋巷，人不堪其忧，回也不改其乐"，这是一种超凡绝俗的修养功夫。

二十九、进时思退，得手思放

进步处便思退步，庶免触藩①之祸；著手时先图放手，才脱骑虎之危②。

注释

①触藩：山羊的角挂在篱笆上，比喻进退两难。②骑虎之危：骑在虎上，难以下来。比喻做事有危险却不能停下。

译文

向前的时候要想好退路，才能避免进退两难的灾祸；进行的时候要有放手的准备，才能摆脱骑虎难下的险境。

点评

当事业飞黄腾达时，应该有抽身隐退的准备，以免像山羊角挂在篱笆墙上一般，把自己弄得进退两难，想抽身也抽不出来。山羊是好斗的动物，常用犄角往篱笆上撞，有时会夹在篱笆里进退不得。用这种情形来比喻人的进退是很恰当的，假如凡事都如不能放手，只会使自己身心疲劳，难以解脱。同理，开始做事时，就要策划好在什么情况应撤退，才不至于像骑在老虎身上一般，无法控制而招致危险。

三十、贪者常贫，知足常富

贪得者分金恨不得玉，封公①怨不授侯，权豪自甘乞丐；知足者藜羹②旨于膏粱③，布袍暖于狐貉④，编民⑤不让王公⑥。

注释

①公：爵位。古代爵位分为公、侯、伯、子、男五等。公是贵族的最上级，侯是诸侯之侯，爵位虽然不及公高，而其享有的领土却比公更大。②藜羹：野草和汤菜。③膏粱：精美的菜肴。④狐貉：用狐貉皮所制的衣服。⑤编民：编氓，指一般平民。⑥王公：天子为王，诸侯为公。

译文

贪得无厌的人，分到金银恨得不到珠玉，封赏公爵怨恨封不到侯爵，明明是豪门权贵却甘心自比乞丐；知足常乐的人，觉得野菜比山珍海味还美，粗布衣袍比狐皮貉裘更温暖，身为平民却比王公贵族过得自在。

点评

很多时候，欲望犹如无穷的沟壑，永远得不到满足。"得寸进尺，得陇望蜀。"贪得无厌的人，给他金银他怨恨得不到珠宝，封他公爵他还怨恨没封侯爵。这是世俗之人的通性，只有超凡绝俗的豁达之士才能领悟知足常乐之理。知足常乐的人，即使吃野菜也比吃美味香甜，即使穿布袍也比貂裘温暖，他们虽说是平民却比王公更为高贵。"心有余裕，即是幸福。"很多时候，人的富有不在于物质，而在于精神。

三十一、隐者多趣，省事心闲

矜①名不若逃名趣，练②事何如省事闲。

注释

①矜：夸耀。②练：使之熟练。有研究之意。

▎译文 ▎

炫耀名声不如逃避名声有趣,练达世事不如省事来得悠闲。

▎点评 ▎

清净无为最有福。以老庄为首的道家主张"无为",倡导"出世";而儒家则主张积极进取,倡导"入世"。所谓"隐者高明,省事平安",就老庄的无为思想是很对的。这是人生观的问题,也是哲学问题,不能批判谁是谁非。所以,"多一事不如少一事"、"多做多错,少做少错,不做不错",都有其适应社会的内在道理。"良贾深藏若虚,君子盛德容貌若愚",是说才华不可外露,必须深明韬光养晦之道,才不会招致世俗小人嫉恨,使事业顺利发展下去。

三十二、自得之士,逍遥自适

嗜寂者,观白云幽石而通玄①;趋荣者,见清歌妙舞而忘倦。唯自得②之士,无喧寂,无荣枯,无往非自适③之天。

▎注释 ▎

①通玄:通晓玄妙之理。《道德经》:"玄之又玄,众妙之门。"②自得:悠闲而自得其乐。③自适:自我感到舒适。

▎译文 ▎

喜欢宁静的人,看到天上白云和山间幽石就能悟出其中玄机;喜欢热闹的人,听见清扬歌声、看到美妙舞蹈就会忘记疲倦。彻悟人生的豁达之士,内心既无喧嚣也无寂寞,既无痛苦也无烦恼,永远处于逍遥自适的境界。

▎点评 ▎

出世的隐士和入世的圣人,两者孰是孰非很难论断。隐士可以悠然自得,不受外物影响,即没有喧嚣,也无谓寂寞,更没有荣枯,永远悠然自适于天地之间。圣人则要积极参与世事,"齐家治国平天下"、"立德立功立言三不朽",都是他们的目标。不同的人选择不同的人生,在不同的境况下,人们可以选择暂时归隐,以调整身心；也可以选择积极进取，获取功名。这些都无可厚非。只要活得通达透彻，内心有坚定的信念，都属于修道有成的人。

三十三、孤云出岫，朗镜悬空

孤云出岫①，去留一无所系；朗②镜悬空，静躁两不相干。

注释

①岫：峰峦山谷，或指山中洞穴。陶渊明《归去来辞》有"云无心而出岫，鸟倦飞而知返"句。②朗：明朗。

译文

孤云从山谷飘出，去留无心自由自在；明月悬挂于天空，安静或喧闹与它无关。

点评

宇宙浩渺无边，人类诞生于远古洪荒，曾经如同自然万物，无拘无束了无牵挂。但进入文明社会以后，有了道德、法律、宗教等行为规范，不断对人的行为进行约束。时代的车轮永在前进，尽管有坎坷曲折，甚至倒退回旋，但不论怎样的约束，都是文明发展的必经历程，适应社会的就得到继承，反之就会被人们所抛弃。不合理的政治制度也是如此，"暴政必亡"不止是一种口号，也是文明社会必经的淘汰。

三十四、浓处味短，淡中趣真

悠长之趣，不得于浓酽①，而得于啜菽饮水②；惆怅之怀，不生于枯寂，而生于品竹调丝③。故知浓处味常短，淡中趣独真也。

▶ 注释

①浓酽：味厚。②啜菽饮水：比喻清淡的生活。啜，吃。菽，豆类，指粗粮。《荀子·天论》："君子啜菽饮水，非愚也，是节然也。"③品竹调丝：指欣赏音乐。丝竹代指音乐。

▶ 译文

悠远绵长的趣味未必从浓烈的美酒得来，而是从食用清淡的豆类清水中得来；惆怅悲恨的情怀不是从孤寂困苦中产生，而是从声色犬马中产生。由此可知，浓厚的味道易于消散，粗茶淡饭的生活才愈显纯真。

▶ 点评

浓烈的美酒容易使人醉倒，不如清冽绵长的淡酒回味悠长。富贵繁华的生活容易使人迷失，不如粗茶淡饭的人生显露纯真。幸福来得容易，也就容易变样。所以，美味佳肴和美妙的音乐，未必一定带来欢乐，有时候可能是惆怅。换句话说，贫富与人生是否欢乐并无必然的联系。有人尽管清贫，但精神世界却是丰富的。追求物质生活的同时，也要注意培养高尚的品德修养。

三十五、高寓于平，难出于易

禅宗①曰："饥来吃饭倦来眠。"《诗旨》曰："眼前景致口头语。"盖极高寓②于极平，至难出于至易；有意者反远，无心者自近也。

▶ 注释

①禅宗：佛教宗派，又名心宗，创始于达摩，开始于唐代。②寓：寄，寄托。《管子·小匡》："事有所隐，而政有所寓。"

译文

禅宗有偈语说:"饥来吃饭倦来眠。"《诗旨》说:"眼前景致口头语。"极深的哲理蕴含于极平淡的生活,最难的东西要从最简单处着手;刻意强求的人往往离真理很远,无心而随缘的人自能接近真理。

点评

大道至简。最高深的原来最简单,最简单的其实最高深。就像王阳明诗:"饥来吃饭倦来眠,只此修去玄更玄。说与世人浑不信,却由身外觅神仙。"点出了禅宗的奥意,含有高深的佛理。追寻义理达到极点时,也没什么玄妙可言了。"眼前景致口头语",是说写诗填词,不必靠辞藻和资料堆砌,而应是"清水出芙蓉,天然去雕饰"。比如"我来问道无余说,月在青天水在瓶"一偈,苏东坡有"到得归来无别事,庐山烟雨浙江潮",这些都是无心写出的名句。

三十六、喧中见寂,有入于无

水流而境无声,得和喧见寂之趣;山高而云不碍,悟出有①入无②之机。

注释

①有:有形之物。②无:忘我之境。

译文

河水虽然流动,岸边却听不到声音,得到闹中取静的趣味;山峰虽然耸立,浮云却不受阻碍,从中可悟无我的玄机。

点评

世事无常,变化万千,其中有利弊得失,也有悲欢离合。有什么样的人生态度,就有什么样的人生状态。做事时采取的方法不同,结果就会不同,个体感受也有差异。为人处世以"动静相宜、出入平凡"为原则,这是待人接物的最高境界。"我看青山多妩媚,青山观我亦如是。"儿女之情,最好的结果是相忘于江湖。鱼在水中游,优哉游哉最快活。忘怀得失而逍遥自在,是人生的一种高超境界。所以,聆听水声可得寂然之趣，坐观浮云可得无我之境。

三十七、心有系恋，乐境苦海

山林是胜地，一营恋①变成市朝②；书画是雅事，一贪痴便成商贾③。盖心无染著，欲境是仙都；心有系恋，乐境成苦海矣。

▍注释 ▍

①营恋：沉迷留恋。②市朝：指喧嚣的场所。③贾：商人。《盐铁论·轻重》："笼天下盐铁诸利，以排富商大贾。"

▍译文 ▍

山林是隐居的好地方，有了私心杂念，山林也成了俗市；书画是高雅的行为，有了贪求痴恋，跟商人没有两样。只要心地纯真没有污染，即使在物欲横流的环境也如在仙境；心中牵挂太多，即使处在快乐的环境也如在苦海。

▍点评 ▍

"俗"与"雅"并不在于事物本身，而在于个体的主观感受，《维摩经》有"心静则佛土也静"的说法，可见，俗、雅完全出于内心的感受。"苦"与"乐"也不在于环境本身，而在于人对事物所产生的感受，《华严经》有"处于世间，一切事皆如虚空，如莲花之着水"，劝人处世的秘诀是不要着相。就像一首打油诗："春有百花秋有月，夏有凉风冬有雪。若无闲事挂心头，便是人间好时节。"假

如能做到这些，就会生活在乐境中而不为物欲所苦，进而以"醒时同交欢，醉后各分散"的旷达胸襟来透视人生。

三十八、静躁稍分，昏明顿异

时当喧杂，则平日所记忆者，皆漫然①忘去；境在清宁，则夙昔②所遗忘者，又恍尔③现前。可见静躁稍分，昏明顿异也。

注释

①漫然：随意。②夙昔：以前，往昔。③恍尔：恍然。

译文

喧闹嘈杂的时候，平时所记的事，都会淡忘；清静安宁的时候，平时所遗忘的，又出现眼前。可见安静和浮躁的分别，所带来的结果是清明和昏昧的不同。

点评

急躁和平静是人们常有的两种情绪，由此带来不同的交际效果和人生状态。性情急躁的人，往往不能沉心静气，做起事来粗心大意，常有疏漏而不知反省。性情平和的人，对事情的考虑就缜密细致，反省自我也较为深刻。清代中兴名臣李鸿章有"清明在躬，志气如神"的名言。"拂意则忧，顺意则喜，志得则扬，志阻则馁，七情交逞，此心何时安宁？"若在喧闹的环境仍能保持头脑的冷静，就可以"不以物喜，不以己悲"，具备了取得成功的心理基础。

三十九、卧雪眠云，绝俗超尘

芦花被①下，卧雪眠云，保全得一窝夜气；竹叶杯中，吟风弄月②，躲离了万丈红尘③。

注释

①芦花被：芦花也叫芦絮，以芦絮做被，形容自然情趣。②吟风弄月：指填词吟

诗。③万丈红尘：指热闹繁华的地方。

译文

以芦花做棉被，以雪地做睡床，以云彩做蚊帐，在如此美景下睡眠，可以保持人体的精气；以竹叶做酒杯，吟风咏月，可以摆脱世间的纷扰。

点评

身在山水之中，自然流连忘返。卧云眠月，绝俗超尘，这样的生活，怎能不充满雅趣？东晋诗人陶渊明在《饮酒》中说："结庐在入境，而无车马喧。问君何能尔，心远地自偏。采菊东篱下，悠然见南山。"这样的隐居生活，远离了红尘纷扰，拥有的意趣风月无边。三国时，曹操在戎马倥偬之余，也颇是能够"吟月弄风"，其《短歌行》表达了人生短暂、功业难成的悲叹："对酒当歌，人生几何？譬如朝露，去日苦多。慨当以慷，忧思难忘。何以解忧，唯有杜康。"晚唐诗人孟浩然则有"酒酣白日暮，走马入红尘"句，充分体现了农耕社会时城镇生活的诗意与浪漫。

四十、浓不胜淡，俗不如雅

衮冕①行中，著一藜杖②的山人，便增一段高风；渔樵路上，著一衮衣的朝士，转添许多俗气。固知浓不胜淡，俗不如雅也。

注释

①衮冕：指官位。衮，皇帝所穿绣有龙的衣服。冕，古代天子、诸侯、卿大夫等所戴礼帽。②藜杖：手杖。

译文

在达官贵人中，如果出现手持藜杖的隐士，便可增加一种高雅的风韵；在渔樵往来的路上，如果有穿着华服的显贵，反会增添许多俗气。所以说浓艳比不上清淡，庸俗比不上高雅。

点评

在冠盖云集的高官显贵中，如果出现手持藜杖身穿布衣的雅士，自然会增加无限风采。在渔人樵夫靠劳力讨生的场合，假如来了一个俗不可耐的大官，反而大煞风景增加俗气。王维诗有"悠然策藜杖，归向桃花源"句。可见，荣华富贵不如淡泊宁静，红尘俗世不如清高风雅。不论古今中外，政治舞台上总是布满荆棘，而且处处设有陷阱，一不小心就有粉身碎骨的可能，所以有人说"政治最无道义"。

四十一、出世涉世，了心尽心

出世①之道，即在涉世②中，不必绝人以逃世；了心③之功，即在尽心内，不必绝欲以灰心。

注释

①出世：佛家语，指走出俗世，以修正果。②涉世：指面对现实，经历世事。③了心：觉悟，明白。

译文

超凡脱俗的方法，应在尘世寻找，不必刻意远遁山林；了悟心性的功夫，要用此心领悟，不必绝欲心如死灰。

点评

"佛法在世间，不离世间觉。离世觅菩提，恰如求兔角。"佛法是人世间的佛法，所以，求证佛法要在人世。离开人世去求佛法，等于镜花水月。佛在大千世界，纷繁无边，心中有佛，处处是佛。一粒沙中看世界，就是这个道理。所谓出世或入世都是相对的，人乃群居动物，怎能不食烟火？超俗，指的不是形体，而是精神，如果俗心不减，即使远离尘世也是无益。所以，入世才能出世，尽心才能了心，不在于形式，而在于本质。

四十二、身在闲处，心在静中

此身常放在闲处，荣辱得失谁能差遣我？此心常安在静中，是非利害谁能瞒瞒昧①我？

> 注释

①瞒昧：隐瞒蒙蔽。

> 译文

把身体放在闲适的环境，世间的荣辱得失谁能使唤？心境常在安静的状态，世间的是非利害怎能欺瞒？

> 点评

贪图功名富贵的人，置身于荣辱得失、是非利害之中，常常患得患失难以安眠，陷入这种境界往往很难自拔。"世事茫茫似水流，休将名利挂心头。粗茶淡饭随缘过，富贵荣华莫强求。"如果能做到这一点，就算是"六根清净，四大皆空"了。把人间的荣辱得失，是非利害视同乌有，"是非成败转头空，古今多少事，都付笑谈中"。所以，先贤老子否定圣贤愚智，主张清心寡欲，他在《道德经》中说："不留贤，使民不争；不贵难得之货，使民不为盗；不见可欲，使民心不乱。是以圣人之治，虚其心，实其腹，弱其志，强其骨。常使民无知无欲，使夫智者不敢为也。为无为，则无不治。"这是一种外示悠闲，内里充盈的社会生活状态，自然而纯真，读之令人顿生向往。

四十三、云中世界，静里乾坤

竹篱下，忽闻犬吠鸡鸣，恍似云中世界；芸窗①中，雅听蝉吟鸦噪，方知静里乾坤②。

> 注释

①芸窗：指代书房。芸，古人藏书处所用香草，可以辟毒。②乾坤：天地。杜甫《江汉》："江汉思归客，乾坤一腐儒。"

> 译文

竹篱下听到鸡鸣狗吠的声音，恍然置身于神仙世界；坐在书房闲听蝉鸣鸦啼，宁静中蕴藏无限情趣。

点评

读书随处净土,闭门即是深山。远处的鸡鸣犬吠惊醒了书斋中的主人,这是从"无我"进入"有我"之境的契机,然而"蝉吟鸦噪"并不影响读书人,这是从"有我"回到"无我"之境的玄机。不论圣贤凡俗,都可以在宁静中培养自己的灵智。"竹篱下忽闻犬吠鸡鸣",犹如东晋诗人陶渊明《归园田居》"暧暧远人村,依依墟里烟。狗吠深巷中,鸡鸣桑树巅",即是一种理想化的社会生活图景,又体现了文人雅士的脱俗之趣。

四十四、不忧利禄,不畏仕祸

我不希荣,何忧乎利禄之香饵①?我不竞进②,何畏乎仕宦③之危机?

注释

①香饵:诱饵,比喻诱人上当的事物。②竞进:争夺利禄。③仕宦:官场。

译文

我不希望追求荣华富贵,怎会担心名利和官禄的诱惑?我不想升官发财,怎会担心官场潜伏的各种危机?

点评

世上的人,来去匆匆奔波劳碌,无非是为了名和利。"香饵之下,必有死鱼",官场上的倾轧,宦海的沉浮,总是惊心动魄。也许显露的只是冰山一角,真实世界的残酷远超我们想象。不是荆棘丛生,就是陷阱遍布,徒然耗费人的许多精力。要想不误此生,最好把功名利禄看成过眼烟云。否则,就会有"善泳者死于溺,玩火者必自焚"的遗憾。

四十五、山林之间，尘心渐息

倘佯①于山林泉石之间，而尘心渐息；夷犹②于诗书图画之内，而俗气潜消。故君子虽不玩物丧志，亦常借境调心。

注释

①倘佯：游山玩水悠然自得。②夷犹：流连忘返。

译文

倘佯在山林泉石间，尘心渐渐止息；浸淫在诗书图画中，俗气慢慢消失。君子不沉溺于玩物而消磨意志，却常借助优雅的环境陶冶情操。

点评

常见一些人，建筑起豪华的别墅，庭院深深，室内收藏些名人书画、古玩摆饰，乃至古今中外大家名著，表面看来十分风雅，似乎摆脱了人间的俗气。"居移气，养移体"，居住环境的雅俗，自然能改变个人的气质。倘佯于山水之间，挥毫泼墨赋诗作画，也能怡情养性，陶冶身心。但是，如果内心的贪念不消，也不过附庸风雅而已。美国富兰克林曾说："读书使人充实，思索使人深沉，交谈使人开朗。"坐拥书城的人，读过很多书，谈吐见解自然不凡。"三日不读书，则语言无味，面目可憎"，可见人不但要借助山林泉石的幽雅环境来培养气质，也要用书香气氛充实内在精神才行。

四十六、秋日清爽，神骨俱清

春日气象繁华，令人心神骀荡①，不若秋日云白风清，兰芳桂馥②，水天一色，上下空明，使人神骨俱清③也。

注释

①心神骀荡：心神舒缓起伏。②馥：芬芳。谢朓《思归赋》："晨露晞而草馥。"晞，干。③神骨俱清：精神和形体都感到清爽。

▶ 译文

春天的景致繁华热闹，使人心旷神怡，却不如秋高气爽，白云飘飞，兰花馥郁，桂花飘香，秋水与长天共一色，天地澄澈清明，使人的身体和精神都感到清爽通透。

▶ 点评

人们喜欢春天，是因为春天万物复苏，鸟语花香，有着蓬勃的生机。人们喜欢秋天，是因为秋天意味着成熟和收获，何况天高气爽，上下空明，令人神清气爽。万物有生有死，有盛有衰。自然有四季，人也有四季，青少年时具有活力，然而不成熟，而秋天的萧瑟就好比人到中年，很多方面都成熟稳重。当然，有了春天的耕耘，才有秋天的收获。没有年轻时的锻炼，就不会有中年时的稳健。总之，"春之繁华，不若秋之清爽"，可见超凡的哲人眼光。

四十七、诗有真趣，禅有玄机

一字不识，而有诗意者，得诗家真趣；一偈①不参，而有禅味者，悟禅教玄机②。

▶ 注释

①偈：佛经中的唱词和诗句。②玄机：深不可测的道理。

▶ 译文

一字不识，而说话充满诗意，这是得到了诗的真趣；一句偈语都不明白，却富有禅的味道，这是悟到了禅的玄机。

▶ 点评

"酒有别肠，诗有别才"，是说写诗作文要有灵性，跟是否识字并无多大关系。六祖惠能是樵夫出身，他在街上听人诵《金刚经》而有所了悟，于是入山求佛。后来开创禅宗一派，所传教义主张"不立文字"，传法时也不拘泥于文字。"菩提本无树，明镜亦非台。本来无一物，何处惹尘埃"一偈，说明很多事物不是用语言来表达的，只有潜心修行才能彻悟禅理。

四十八、好用心机，杯弓蛇影

机动①的，弓影疑为蛇蝎，寝石视为伏虎，此中浑是②杀气；念息③的，石虎④可作海鸥，蛙声可当鼓吹⑤，触处俱见真机⑥。

▶ 注释

①机动：多虑。②浑是：全是。③念息：没有非分之想。④石虎：石头做的老虎。⑤鼓吹：以鼓钲箫笳等合奏乐曲，也叫短箫饶歌。⑥真机：真理。

▶ 译文

总用心机的人，在杯中看到弓影会怀疑是毒蛇，将草中的石头当作蹲在地上的老虎，内心充满了杀机。内心平和的人，把凶恶的石虎化作温驯的海鸥，把聒噪的蛙声当作吹奏乐曲，触到的都是真正的机趣。

▶ 点评

善恶在一念之间。心中有善，人间就是天堂。心中有恶，世界就是地狱。"天下本无事，庸人自扰之。"好用心机的人，凡事疑神疑鬼，本无问题的事也会弄出风波。胸怀坦荡的人，眼中的一切都是美好的，由此显露本性中的纯真，走遍世界也不见一个鬼。总之，天地万物是善是恶，只存在于我们的一念之间。

四十九、身心自如，融通自在

身如不系之舟①，一任流行坎止；心似既灰之木②，何妨刀割香涂。

▶ 注释

①不系之舟：不用绳索系住的船只，比喻自由自在。②既灰之木：比喻心灵的枯寂。

▶ 译文

身体像不系缆绳的小船，任凭船儿漂流或静止；心地像焚成灰的树木，不怕刀砍涂香无关痛痒。

点评

"生命诚可贵,爱情价更高。若为自由故,两者皆可抛。"因为自由难得,所以每个人都心生向往。如果环境是比较自由的,内心却充满私心杂念,那也不是真正的自由。所以,生活中的自由是有条件的自由,尽可能提高自己的修养,以减少欲望淡泊名利。达摩面壁九年,修行之深可想而知。孔子七十而"从心所欲不逾矩",孟子四十"不动心",都是"身心自如,融通自在"的境界。

五十、自鸣天机,自畅生意

人情①听莺啼则喜,闻蛙鸣则厌,见花则思培之,遇草则欲去之,俱是以形气②用事。若以性天③视之,何者非自鸣其天机,非自畅其生意④也?

注释

①人情:人之常情。②形气:内在的喜怒哀乐表现于外。③性天:天性。④生意:生机。

译文

一般人听到黄莺啼叫就高兴,听到蛙鸣就厌恶,看见花木就愿意栽培,看见野草就想拔掉,这是根据事物的外形气质来决定好恶;如果以自然的本性来看待,哪种动物不是随其天性而鸣叫,哪种草木不是随其自然而生发?

点评

感时花溅泪,恨别鸟惊心。人对于生活环境的感受,跟心情好坏有极大关系。由于心境的不同而对景物的感受也不一样,所以我们对于万事万物不要太主观,须用冷静的头脑去观察,然后判断善恶美丑。假如能存天理去人欲,就会明白莺声与蛙鸣都在显示自然的玄机,而鲜花杂草也在冥冥中获得生生之意。可见万物都是根据天地自然之理而平等化育,不可凭主观见解随便加以善恶美丑的区分。

五十一、花开花落,生老病死

发落齿疏,任幻形①之凋谢;鸟吟花开,识自性之真知②。

注释

①幻形:指人的身体。②真知:永恒不变的真理。

译文

在发秃齿落的衰老年龄,只好任由那虚幻的躯壳自然地凋谢;在鸟语花香的春光时刻,却要能够体悟本性恒常不灭的真理。

点评

常言道"人到中年万事休",孔子也说"四十五十而无闻焉,斯亦不足畏也已"。这些话未免消极。人的真正衰老,并非生理上的衰老,而是指心理上的衰老,所以庄子说"哀莫大于心死"。现在的社会,四十岁才刚进入中年,中年开创事业的人比比皆是。中年可以说是人生的顶峰时代,已有事业基础的可以充分发挥潜力,没有事业基础的也可以凭经验去创造更好的机会。至于生命的衰老,则是人生自古谁无死,如同花草树木终要凋谢一般,不必为百年后的事而过度悲观。花开花落,人生人死,这是不可避免的客观规律。将有限的生命投入无限的事业中去,就会体现自己的人生价值。

五十二、无欲则寂，虚心则凉

欲其中者，波沸寒潭，山林不见其寂；虚其中者，凉生酷暑，朝市①不知其喧。

注释

①朝市：朝廷和市场，泛指名利场。

译文

内心充满欲望的人，就会心浮气躁，即使身在寒潭也会燃烧沸腾的波涛，处在山林也无法使他平息；内心毫无欲望的人，就会心静意明，即使在酷暑也会浑身凉爽，在闹市也不觉得喧嚣。

点评

人活一世，精神上的感召力量不可忽视。内心充实的人，不畏艰难困苦，可以远涉山水，以身求法。仁人志士为了救国救民于倒悬，甘愿抛头颅洒热血，不屈不挠，靠的就是坚定的信念。人的一生，可以贫困，但绝不可以没有信念。有了信念，就能掌握自己的内心，无论何时何地，不受外在的影响。有了信念，就能视坎坷崎岖为坦途，视万重磨难为平常。摒弃了私心杂欲，自然身处闹市而不觉喧嚣，身处酷暑而不觉闷热。

五十三、贫则无虑，贱则常安

多藏者①厚仁，故知富不如贫之无虑；高步者②疾颠③，故知贵不如贱之常安。

注释

①多藏者：聚敛众多财富的人。②高步者：昂首阔步目空一切的人，形容地位尊贵的人。③疾颠：迅速跌倒。

译文

财富聚集太多，失去时损失也大，所以富人不如穷人无忧无虑；地位爬得越高，摔得也会越惨，所以权贵不如平民过得安逸。

点评

"财帛动人心",一个人聚敛财富过多,自会招来他人的觊觎,以致担惊受怕。"多藏厚亡"、"怀璧其罪",都是说财富是招祸的根源。所以,有智慧的人会深藏不露,并提前做好准备,"贵人处富如贫,穷人处贫若富",就是这个道理。爬得越高摔得越重,身居高位一旦跌落,就会身败名裂。久经宦海浮沉,罢官回乡会一身轻松。反之,身居高位患得患失,怎能不提心吊胆。不如百姓量入为出,反而贫中有余,知足常乐,过着悠闲的生活。

五十四、晓窗读易,午案谈经

读易①晓窗,丹砂研松间之露;谈经午案,宝磬②宣竹下之风。

注释

①易:《易经》。②磬:敲打乐器,用玉、石做成。

译文

早晨坐在窗边研读《易经》,用松树的露珠研磨朱砂批阅评点;中午在书桌前诵读佛经,竹林间的清风把清脆的木鱼声传向远方。

点评

于拂晓之际,静坐书桌研读《易经》,这是超凡脱俗的境界。所用的笔墨则是采集松树上的露水调制而成。中午时,敲打木鱼诵读佛经,清风飘散,好一派神仙姿态。而世人攘攘,无非为了名利,以致相互算计,神疲力尽,惹来百种烦恼。甚至欲上不得,欲下不能,身处尴尬境界,岂不悲哉?两者之间可谓天壤之别。

五十五、花失生机,鸟减天趣

花居盆内终乏生机,鸟入笼中便减天趣①。不若山间花鸟错集成文,翱翔②自若,自是悠然会心。

注释

①天趣：自然之趣。②翱翔：展翅飞翔。《庄子·逍遥游》："翱翔蓬蒿，此亦飞之至也。"

译文

花木在盆中终会失去生机，飞鸟关进笼里就少了天然之趣。不像山间花鸟交错点染羽毛美丽，自由飞翔，才能赏心悦目。

点评

"家鸡有食汤锅近，野鸡无食天地宽。"温室的花朵开得艳丽，却经不起风雨吹打；笼中的鸟儿叫得再美，也不能展翅飞翔。丧失了天地间的大环境，就失去了生机，缺乏自然之趣。所以，我们对待万事万物，都要顺其天性，让其自然生长，千万不可随意扼杀其生机与活力。因此，古人有"勿背天之趣，勿绝地之理，勿逆人之伦"的名训。

五十六、种种烦恼，因我而起

世人只缘认得我字太真，故多种种嗜好，种种烦恼。前人云："不复知有我，安知物为贵？"又云："知身不是我，烦恼更何浸？"真破的①之言也。

注释

①破的：本指弓箭射中目标，比喻说话正中要害。

译文

世人把"我"看得太重，所以有种种嗜好，种种烦恼。前人说："不知有我存在，怎知东西贵重？"又说："知道不是我，烦恼怎侵害？"真是一语切中要害。

点评

有一首佛偈说："未曾生我谁是我，生我之时我是谁？长大成人方是我，合眼蒙眬又是谁？"佛家认为，由于色身虚幻，所以"我"是不真实的，并非客观存在，因为肉体会随时而败亡，心理之"我"也是刹那不住。过去心已过，现在心不留，未来心未到。如是,"我"既不存,何来烦恼呢?

可见,只有不过分看中自我,才不会私心太重。"人不为己,天诛地灭",说明了人有自私的天性。"认得我字太真",就是过分自私,不但会带来烦恼,也为社会制造祸乱。战国时的杨朱学派,倡导"拔一毛而利天下不为",是因为当时的野心政客,常以"国家人民"的名义发动战争满足私欲,故而以此进行抵制。

五十七、少时思老,荣时思枯

自老视少,可以消奔驰角逐①之心;自瘁②视荣,可以绝纷华靡丽③之念。

▎注释▎

①奔驰角逐:指争名夺利。②瘁:憔悴,这里指衰败。③靡丽:奢靡的生活。

▎译文▎

用老年人的眼光看少年时的行为,可以去除追逐名利的心思;从衰败时的情形看荣华富贵,可以断绝追求奢华的念头。

▎点评▎

宇宙固然是永恒的,但世间万物却是无常的。"世态有冷暖,人面逐高低",人间变化如沧海桑田。作者劝世人不要争强好胜,减轻欲望心,以此彻悟人生。"去年今日此门中,人面桃花相映红。人面不知何处去,桃花依旧笑春风",说明了世事的变化无常。事情经历多了,就能领悟其中的道理。从老年的成熟看年轻的浮躁,从今天的衰败看过去的繁荣,就会明白声色名利的虚幻。

五十八、人情世态,倏忽万端

人情世态①,倏忽②万端,不宜认得太真。尧夫云:"昔日所云我,而今却是伊。不知今日我,又属后来谁。"人常作是观,便可解却胸中挂矣。

注释

①世态：世俗的情态。②倏忽：极短的时间。倏，迅速，极快。

译文

人情冷暖，世态炎凉，瞬息万变，不必看得那么认真。尧夫说："昨天所说的我，今天已经变成了他。不知今天的我，明天又变成了谁。"如果常常这样思考，就可以放下心中一切烦恼。

点评

人生不过百年，可谓短暂。白云苍狗须臾变幻，世上千年不过瞬间。作者劝人不要太认真，似乎有些消极。但究其意旨来说，是劝人不要走极端。走极端的结果，不但自己痛苦，也会祸及亲友，乃至危害社会，所以要"闹中取静，冷处热心"。对于人情冷暖世态炎凉要有超然的态度。比如，有人这样写："有人骂老拙，老拙只说好。有人唾老拙，留它自干了。有人打老拙，老拙自睡倒。他也省力气，我也少烦恼。"幽默诙谐，可见一斑。

五十九、闹中取静，冷处热心

热闹①中着一冷眼，便省许多苦心思；冷落处②存一热心，便得许多真趣味。

注释

①热闹：喧闹繁盛，比喻追逐名利权势的场所。②冷落处：比喻凄凉的处境。

译文

热闹时，用冷眼观察事物，便可省去许多烦恼；落寞时，有奋发进取的决心，就可以得到许多真趣。

点评

对于生活中的热闹繁华，要用冷眼旁观的态度，考虑将来的发展变化，如此可以省去很多烦恼。"春风得意马蹄疾，一日看尽长安花"，只是诗人科举中榜时的浪漫夸张。得意的时候，多为自己留条后路，以防将来时局变化。"留得青山在，不怕没柴烧。"落寞的时候，也不要垂头丧气，应该乐观向上积极进取，以图东山再起。太阳每一天都是新的，要用昂扬的姿态迎接新生活。

六十、寻常人家，最为安乐

有一乐境界，就有一不乐的相对待；有一好光景，就有一不好的相乘除①。只是寻常家饭，素位②风光，才是个安乐的窝巢。

▎注释

①乘除：抵消。②素位：安守本分，不做非分之想。

▎译文

有欢乐的境界，就有不欢乐的境界来对比；有美好的景色，就有不美的景色相对比。只有家常便饭，寻常景色，才是安身立命的处所。

▎点评

俗话说"有一利就有一弊"，"有所得就必有所失"，可见人间万事都是相对的。成败得失，利弊相随，世上的许多事情都是相比较而存在的，比如善与恶，贵与贱，好与坏，苦与乐，等等。家家都有本难念的经，生活中处处充满矛盾。看上去无忧无虑的人，内心也许充满痛苦。只有安然于尘世风雨，平平凡凡做个好人，才可以从各种矛盾解脱出来。

六十一、乾坤自在，物我两忘

帘栊①高敞，看青山绿水吞吐云烟，识乾坤之自在；竹树扶疏②，任乳燕鸣鸠③送迎时序，知物我之两忘。

▎注释

①帘栊：帘子和窗框，泛指窗上的帘子。②扶疏：枝叶茂盛。③鸠：鸟名，也称斑鸠。

译文

帘栊高卷,眺望青山绿水间云蒸霞蔚,才知道大自然是多么美妙。竹木疏朗,小燕子和鸠鸟预示季节更替,因而进入物我两忘的境界。

点评

大自然的景色可以说格外迷人,那是一个和谐自在的世界,也是一个令人向往的天地。青山绿水,鸟雀竹木,清风明月,天朗气清。在城市中奔波忙碌的人,远离了大自然,就像失去了一种平衡,所以总会有焦躁莫名的感受。工作之余,要常常回归山水之间,可以获取心灵的滋润和慰藉,进而提高生活的质量和品位。

六十二、生死成败,任其自然

知成之必败,则求成之心不必太坚;知生之必死,则保生①之道不必过劳②。

注释

①保生:养生。②过劳:过分费心。

译文

知道有成功就有失败,凡事就不会操之过急;知道有生也有死,对于养生就不会过于费心。

点评

智者千虑必有一失,何况是平凡大众。成败更是兵家常事,不必为此耿耿于怀,以致忧愁悲苦。人生短暂何必太较真,不如平平安安过一生。天地万物有生有死,明白了这个道理,不必去寻找长生不老药,以求苟延残喘于尘世。既然来到人间,就不如放开胸怀,趁着年轻,潇潇洒洒走一回。

六十三、流水落花,意境悠闲

古德①云:"竹影扫阶尘不动,月轮穿沼水无痕。"吾儒②云:"水流任急境常静，花落虽频意自闲。"人常持此意，以应事接物，身心何等自在。

▶ 注释

①古德：古代有修养的僧人。②吾儒：当今的一位儒生。

▶ 译文

古代高僧说："竹影扫阶尘不动，月轮穿沼水无痕。"当今儒士说："水流任急境常静，花落虽频意自闲。"常保持这种心态，身心何等自在。

▶ 点评

竹影掠过台阶，尘土不扬；月影倒映池塘，水面无痕。水流虽急，环境却是幽静；花落虽多，意兴依然闲适。作者所引诗句，体现了一种悠闲之趣。佛教所说的六根清净，指耳不听恶，心不想恶，眼不观恶，鼻不闻恶，舌不尝恶，意不念恶，在五官不留一点痕迹。做到这些，就要抵制感官诱惑，使六根清净，四大皆空。红尘纷扰，电光声色，现代社会对人的诱惑可谓无处不在，科技的发展为人们的欲望泛滥提供了便利。在这处处都是陷阱的时代，尤其要洁身自好，加强品德修养。

六十四、自然鸣佩，乾坤文章

林间松韵①，石上泉声，静里听来，识天地自然鸣佩②；草际烟光，水心云影，闲中观去，见乾坤最上文章③。

▶ 注释

①松韵：风吹松树的声响。②鸣佩：腰间佩戴的玉石。③文章：错杂的色彩或花纹。

▶ 译文

山林中松涛阵阵，泉石间水流淙淙，静静聆听，可以体会天地间大自然的美妙乐章；原野尽头升起的迷蒙烟雾，水中央倒映的白云变幻，悠闲看去，是宇宙间最美妙的天然文章。

点评

凡夫俗子与文人雅士之间的区别是,前者脑中总是充满各种欲望,后者则胸怀隐逸之趣恬淡之情。大自然所蕴含的神韵,不是每个人都能读懂的。面对湖光山色,泉水叮咚,不同的人有不同的理解。在俗人看来也许无非如此,但在雅士看来,却是别有风采。有生活情趣有文化素养,就能在山川景色中领会到无边的情致。

六十五、猛兽易伏,人心难降

眼看西晋之荆榛①,犹矜白刃②;身属北邙③之狐兔,尚惜黄金。语云:"猛兽易伏,人心难降;溪壑④易填,人心难满。"信哉!

注释

①荆榛:指草木丛生。②矜白刃:自夸武器精良。③北邙:山名,即邙山。在河南洛阳北,汉魏以来,王侯将相多葬于此。④溪壑:沟壑。

译文

眼看西晋就要灭亡,杂草丛生,还有人在那里炫耀武力;眼看人将变成北邙山狐兔的食物,还有人吝惜黄金。俗话说:"猛兽容易制伏,而人心难以降服;深谷容易填平,而人心难以满足。"这真是经验之谈!

点评

关于西晋的亡国故事,可用"誓议犹未定,兵已渡江"来形容。即便如此,那些贪婪无知的统治者,还在那里妄自夸耀,不知亡国的危险已到面前。关于亡国之痛,历代文人多有描写。唐代杜牧《泊秦淮》:"烟笼寒水月笼沙,夜泊秦淮近酒家。商女不知亡国恨,隔江犹唱后庭花。"南唐后主李煜"林花谢了春红,太匆匆……自是人生长恨水长东",更是凄惨悲咽,辛酸莫名。

六十六、心无风涛，性有化育

心地上无风涛，随在皆青山绿树；性天①中有化育②，触处见鱼跃鸢飞③。

注释

①性天：天性。②化育：生长孕育。③鱼跃鸢飞：比喻自由自在的乐趣。《诗经·大雅》："鸢飞戾天，鱼跃于渊。"

译文

内心平静无波浪，所在皆是青山绿水；天性化育万物，所触无不是鱼跃鸟飞。

点评

心如死灰，看到繁花似锦也会感觉无趣；心灵之树常青，看到荒草枯树也会生机无限。《礼记》中说："能尽物之性，可以赞天地之化育。"生活的情趣主要来自内心，所以，庄子看到鱼在水中游，羡慕说"乐哉鱼也"。"天高任鸟飞，海阔凭鱼跃"，鸟能自在飞翔，鱼能逍遥畅游，是因为没有贪婪的物欲。人陷于苦恼，是因为欲心太重。若能知足常乐、开朗豁达，处处皆可看见青山绿水、花红柳绿。

六十七、高低贵贱，自适其性

峨冠大带①之士，一旦睹轻蓑小笠②，飘飘然逸也，未必不动其咨嗟③；长筵广席之豪，一旦遇疏帘净几，悠悠焉静也，未必不增其绻恋。人奈何驱以火牛，诱以风马④，而不思自适其性哉？

注释

①峨冠大带：指古代官员所穿的朝服。②轻蓑小笠：平民百姓所穿的衣服。蓑，用草或蓑叶编制的雨衣。笠，用竹子编成的斗笠。③咨嗟：感叹，赞叹。④风马：风马牛不相及。

译文

高冠大带的贵人，一旦看见戴斗笠、穿蓑衣的百姓飘飘然而逍遥，未免不会产生失落的感叹；生活奢靡、筵席不断的豪门，一旦看见窗明几净的百姓，悠然闲适的样子，未必没有羡慕的心态。世人何必要以火牛阵相争斗，违背常情去追逐名利呢？为何不过朴素的生活来顺应清淡的本性呢？

▌点评 ▌

俗话说"距离产生美"，凡是形成反差和对比强烈的东西，就会引起人们追求的欲望。不论做任何事，时间一久则会产生厌倦的心理。同样，很多权贵忙于交际应酬，看来必然幸福，其实却未必快乐。既然未必快乐，人又何必追逐富贵呢？官职和财富，可以使人满足私欲，得到物质的富足，但由此带来的欢乐却求之甚苦，失去得也快。明白人看透了这一点，就去追求实际的幸福，宁愿没有官职和权位，也要自由和宁静，不做名利的奴隶。

六十八、鱼得水游，鸟乘风飞

鱼得水游，而相忘乎水；鸟乘风飞，而不知有风。识此可以超物累，可以乐天机①。

▌注释 ▌

①乐天机：拥有天赋的秉性，享受自然的意趣。

▌译文 ▌

鱼在水中才能自由游动，却忘记得益于水；鸟儿乘风飞翔，却不知是有风托起。认识了这个道理可以超然物外，享受自然的机趣。

点评

不为物累，应是每个人都应明白的道理。一个人的真正主宰，只在于自己的内心。万物只能为我所用，我却不能为万物役使。名利、权势、金钱都是外物，如果为了它们而劳累，就成了物质的奴隶。很多人活了一辈子，终究逃脱不了物质的奴役，以致终身苦恼而无趣。其实，只要以心为主宰，心之所向身之所往，就能超脱物欲的网罗，享受"天高任鸟飞，海阔凭鱼跃"的自由感受。

六十九、盛衰无常，强弱安在

狐眠败砌①，兔走荒台，尽是当年歌舞之地；露冷黄花②，烟迷衰草，悉属旧时争战之场。盛衰何常？强弱安在？念此令人心灰！

注释

①败砌：荒废的台阶。②黄花：菊花。

译文

狐狸做窝在残垣断壁，野兔出没在荒废楼台，这些都是当年歌舞升平的地方。遍地黄花在寒露中抖擞，一片荒草在烟雾弥漫中摇曳，这里曾是英雄逐鹿争霸的战场。兴盛和衰败哪里会长久呢？强弱胜负如今何在？想到这些不禁令人心灰意冷！

点评

沧海亦能变桑田，更何况人间换了天地。"人生本无常，盛衰何足恃。"刘禹锡在《乌衣巷》中说明了这种世事沧桑、人事无常的思想："朱雀桥边野草花，乌衣巷口夕阳斜。旧时王谢堂前燕，飞入寻常百姓家。"大江东去，浪淘尽，多少英雄人物。曾经声势显赫的人如今是一堆枯骨，何必那么热衷强权，在乎成败呢？

七十、宠辱不惊，去留无意

宠辱不惊，闲看庭前花开花落；去留①无意，漫随天外云卷云舒。

注释

①去留：指归隐和为官。

译文

无论受宠或者受辱，都无动于衷，只是闲看庭前花开花落；无论晋升或者退职，都漠不关心，任凭天上浮云随风聚散。

点评

这一句是作者的经典之作，无论是思想内涵，还是文字表述，都达到了炉火纯青的境界。得宠不惊喜，因为得宠也会失宠；受到羞辱不在意，因为自身是清白的。身在朝廷则为民做事，身在江湖则逍遥自在。能进能退，能屈能伸，谓之大丈夫。历史上的宦海浮沉，结局或悲或喜，或得或失，都不放在心上，方能做到真正的"宠辱不惊，去留无意"。

七十一、高天可翔，万物可饮

晴空朗月，何天不可翱翔①，而飞蛾独投夜烛；清泉绿草，何物不可饮啄，而鸱枭②偏嗜腐鼠。噫！世之不为飞蛾鸱枭者，几何人哉！

注释

①翱翔：回旋飞翔。②鸱枭：鸟名，俗称猫头鹰。

译文

夜空晴朗，明月高照，天空可任意翱翔，飞蛾却偏偏扑向夜间的烛火；清泉流水，绿草野果，哪种东西不能果腹，而鸱枭却偏偏喜欢吃死老鼠。唉，世上不像飞蛾、鸱枭那样的人，究竟有几个呢？

点评

由于飞蛾的无知，才会扑火而自取灭亡。由于鸱鸦的怪异，才会吃腐烂的老鼠而果腹。人是万物的灵长，却也常常自讨苦吃、自讨没趣，明知牛角尖钻不通，却偏偏拼死往里钻，这真应了孔子所说"其智可及，愚不可及"这句话。生活中不乏这样的例子，有些事明知做不得，却为了一时贪欲而犯下滔天罪过，怎能会不深陷囹圄呢？有的人遇到事情不懂得变通，一意孤行，结果作茧自缚，自己挡住了去路。只有善于吸取教训，才算活得明白。

七十二、无事道人，不了禅师

才就筏便思舍筏，方是无事道人①；若骑驴又复觅驴，终为不了禅师②。

注释

①无事道人：无为的道士。②不了禅师：还没开悟的和尚。

译文

登上竹筏就想上岸后要舍弃竹筏，这是懂得不受外物羁绊的真人；如果骑上毛驴还想找毛驴，那是不能悟道难以解脱的和尚。

点评

一切终生皆有佛性。人也是如此。人除了生死烦恼，也就别无所有。所以，若能了断生死烦恼，就算彻悟人生。佛在大千世界，也在自己心中，心中有佛而不自知，等于骑在驴上还要找驴。无论如何坐禅也不能彻悟的和尚，称为"不了禅师"。马祖禅师说"即心即佛"，可见佛法无须外求，因为就在自己心中。世事人生就是如此，做事的方法只是手段，最终的结果才是目的。所以，要求心内佛，了却心外法。

七十三、冷情当事，如汤消雪

权贵龙骧①，英雄虎战，以冷眼视之，如蚁聚膻②，如蝇竞血；是非蜂起，得失猬兴③，以冷情当之，如冶化金，如汤消雪。

注释

①龙骧：气概威武。骧，飞腾。②膻：膻气。③猬兴：像刺猬那样毛刺立起。

译文

有权势的达官贵人气势威武，英雄豪杰像猛虎一样征战，用冷静的眼光看他们，像蚂蚁聚集在腥膻味旁争食，苍蝇竞相吸血一样；人间的是非像群蜂飞舞，人间的得失像猬毛密集，用冷静的头脑来应付，像金属在炉中冶炼，冰雪被热汤融化一样。

点评

所谓龙争虎斗，逐鹿中原，其实都是涂炭生灵的不仁不义之战。历史上的金戈铁马造就了不少英雄豪杰，但也留下了无数的白骨累累，荒坟堆堆。"可怜无定河边骨，犹是深闺梦里人。"权贵之间的你争我夺，受苦的仍然是平民百姓，甚至为之流血牺牲家破人亡。看透了这些，就明白了王朝更替，穷兵黩武，皆是百姓埋单。冷静思考人生的结局，对于那些是非功过，应该都付笑谈中，不必放在心头了。

七十四、物欲可哀，性真可乐

羁锁①于物欲，觉吾生之可哀；夷犹②于性真，觉吾生之可乐。知其可哀，则尘情③立破；知其可乐，则圣境④自臻⑤。

注释

①羁锁：羁绊，束缚。②夷犹：从容自得。③尘情：世俗之情。④圣境：超越凡俗的境界。⑤臻：到达。

译文

终日被物欲所困扰的人，会觉得生命很可悲；悠游在纯真的本性，会发觉生命之可爱。明白物欲的可悲，尘世欲望即可破除；明白本性的欢乐，神圣的境界自会到来。

点评

孟子说"役物而不役于物"，老子说"人之大患在吾有身，及吾无身则吾有何患"，说明如果连自身都可以舍弃，那就不会受一切外物的困扰。佛教的经义在于消除人的烦恼，因此佛家苦口婆心劝世人要在"彻悟真性"下功夫。所谓"真性"就是天理，若能"去人欲、存天理"就能明心见性，就是佛家所说的"即见如来"，进而达到"圆证无生"的境界。

七十五、胸无物欲，眼自空明

胸中即无半点物欲，已如雪消炉焰冰消日；眼前自有一段空明①，时见月在青天影在波。

▶ 注释 ◀

①空明：形容心性透彻而光明。

▶ 译文 ◀

心中不存一丝对物质的欲望，烦恼就像炉火融雪及太阳融冰一样；眼前有一片空旷的环境，便可时常看到皓月当空及映在水面的倒影。

▶ 点评 ◀

明月清风处处有，在每个人的内心，都有一片最清明的本性。宋代周敦颐说"无欲则静，静则明"，这与诸葛亮"宁静以致远，淡泊以明志"道理相同。"非遣其欲其心不静，必澄其心而神自清。"淡泊欲望便能心如止水，心如止水就能明心见性，进而人情练达、世事洞明。反之，欲望心太强烈，心神就会受到蒙蔽，以致头脑昏聩而不明事理。在喧闹的市井保持沉默，在横流的物欲立足自我，抛却纷扰的念头，欲望之火就会渐渐冷却，由此便能活得自在。

七十六、寂寞原野，诗兴时来

诗思在灞陵桥①上，微吟就，林岫②便已浩然；野兴在镜湖③曲边，独往时，山川自相映发。

▶ 注释 ◀

①灞陵桥：古代长安城外面的大桥，古人常在此处折柳送别。②林岫：丛林起

伏，峰峦如聚。③镜湖：鉴湖。在浙江绍兴会稽山北麓。

▎译文

诗的兴致常在灞陵桥上出现，刚刚低吟诗句，丛林山峦便已诗意盎然；自然情趣在镜湖畔曲江边，独自来往时，山水交映令人陶醉。

▎点评

"晴空一鹤排云上，便引诗情到碧霄。"大自然美景无限，不但能激发人的热情，还能陶冶人的性灵，更能使人诗潮奔涌。诗歌的灵感不在于琼林玉宇的庙堂，而是发自风雪日的骑驴过灞桥处，诗情雅兴不在于富贵显达，而在于超尘脱俗。所以，流连于山水之间，欣赏自然风光，就仿佛回到了生命之初，这种天人合一的快乐，是语言所不能表达的。

七十七、伏久飞高，开先谢早

伏久者飞必高，开先者谢独早。知此，可以免蹭蹬^①之忧，可以消躁急之念。

▎注释

①蹭蹬：困顿失意。

▎译文

潜伏得越久，就会飞得越高；花开得越早，凋谢得也会越快。明白这个道理，可以消解怀才不遇的忧愁，可以去掉急躁求进的想法。

▎点评

"穷则独善其身，达则兼济天下"，这是孟子所主张的处世态度。要成就大事就应有"百忍成刚"的胸怀，耐心等待合适的时机，绝对不可灰心丧

志。不能"独善其身"的人，就无法"兼济天下"。宋江有《西江月》诗写"他时若遂凌云志，敢笑黄巢不丈夫"，落魄之时尚有如此气概，非英雄不能如此。就像古代的一种鸟，三年不鸣，一鸣惊人，三年不飞，一飞冲天。潜伏时虽然无声无息，其实是在养精蓄锐，只要有机会，就"该出手就出手"，一举成功。无论世事如何变迁，人都要有韬光养晦的决心和毅力，坚忍以待时，不浪费每一寸光阴，不断储备实力，才能大器晚成。

七十八、花叶成梦，玉帛成空

树木至归根，而后知花萼①枝叶之徒荣；人事至盖棺②，而后知子女玉帛之无益。

注释

①花萼：花的萼片，花开时托着花冠，指花。②盖棺：指死亡。

译文

树木到了枝叶归根时，才知道花朵和枝叶只是一时的繁荣；人到了盖棺论定时，才知道子女财物都没有用处。

点评

天有春夏秋冬，人有生老病死。到了秋冬季节，花草树木受到寒霜侵袭，就不再是花团锦簇，而是凋零枯萎，就像是人到了迟暮之年，渐渐走向生命的尽头。俗话说"月过十五光明少，人到中年无后成"，体现了这种不尽的悲凉意蕴。"好景不常在，好花不常开。"人生即使享尽荣华富贵，也不过数十寒暑，等到死后才知道子女众多、玉帛丰富并无多大用处，因此古有"儿孙自有儿孙福，不给儿孙做马牛"的说法。

七十九、真空不空，出世入世

真空①不空，执相②非真，破相③亦非真，问世尊④如何发付⑤？在世出世，徇欲⑥是苦，绝欲亦是苦，听吾侪⑦善自修持！

注释

①真空：佛家语，指不为外物迷惑但保留纯真。真，实在。空，诸法无实体。②执相：执着于形相。③破相：指破除一切妄相。④世尊：指释迦牟尼。⑤发付：对付。⑥徇欲：追求欲望。⑦吾侪：我们，我辈。

译文

超出一切色相意识的"真空"境界，并非空无一物，执着于外在形相并不能获得真理，破除事物外在形相也不能获得真理，请问佛祖怎样解释这个道理？身处俗世要超脱于俗事之外，追求欲望是痛苦，断绝欲望也是痛苦，如何应对就要靠我们好好领悟了。

点评

佛曰"万法皆空"，是要我们不对事物起执着之心，从而达到身心自在。万事万物本无永恒的体性，一切事物都有生有死，这是客观规律所决定的。《般若波罗蜜多心经》说："色即是空，空即是色。"就其实质而言，"色"和"空"是不相妨碍的，执着于"色"的人不明白"色即是空"，执着于"空"的人，不明白"空即是色"。不能明白这个道理，就容易偏执一端。所以，放纵欲望固然是一种苦恼，弃绝人欲也未尝不是一种苦恼。最好的办法就是对欲望不隐不弃，通过努力修行达到物我两忘的境界。

八十、欲有尊卑，贪无二致

烈士①让千乘，贪夫争一文，人品星渊②也，而好名不殊好利；天子营家国，乞人号饔飧③，分位④霄壤⑤也，而焦思⑥何异焦声。

注释

①烈士：有气节有志向的义士。②星渊：天渊之别，比喻差别极大。③饔飧：泛指食物。饔，早饭；飧，晚饭。④分位：地位。⑤霄壤：天空和大地，比喻相差极远。⑥焦思：苦思。

译文

看重道义的人，可将千乘之国拱手让人，贪婪鄙陋的人，却为一文钱你争我夺，两种人品有天壤之别，但看重道义的人喜欢沽名钓誉，贪财好利的人喜欢金帛财富，两者心理并无区别；天子掌管国家大事，乞丐沿街要饭，两种人的身份地位有天壤之别，但天子处理国事的忧思和乞丐求食的苦恼，其痛苦情形没有什么不同。

点评

人性的高贵并在于地位的高低，身份的象征也不在于官位有无。人虽有富贵贫贱，但生不带来死不带去，就外物而言又是平等的。常见富商大贾，拥有众多财富，想来生活一定幸福。再看那些穷苦人家，往往为了金钱急得团团转，甚至为一日三餐而发愁，想来生活一定痛苦。其实，富商和穷人虽然面临的矛盾不一样，但各有各的痛苦，痛苦的性质与程度完全相同。同理，好名之人表面上看似乎人品较高，其实与好利之人的本质完全相同。孟子说："好名之人，能让千乘之国，苟非其人，箪食豆羹见于色。"意思是说，喜欢沽名钓誉的人，只要满足他沽名钓誉的欲望，他就能把千乘之国拱手让人，反之，假如不是这样的人，不能满足他的欲望，即使吃他一顿饭和一碗汤，他也会表现在脸上。

八十一、覆雨翻云，总慵开眼

饱谙①世味，一任覆雨翻云②，总慵③开眼；会尽人情，随教呼牛唤马，只是点头。

注释

①饱谙：熟知。②覆雨翻云：形容世事变幻莫测，人情反复无常。③慵：懒。

译文

饱尝了酸甜苦辣，不管世情如何变幻，总是懒得睁眼去看；看透了人情冷暖，管他叫牛唤马，只是一味点头称是。

点评

世事无常，人情冷暖依旧。从古到今，嫌贫爱富、趋炎附势的例子，可谓比比皆是。战国时代的纵横家苏秦，开始游说列国时，花费了不少财物，却没有成功，"说秦王书十上而说不行，黑貂之裘敝，黄金百金尽，资用乏绝"，他灰溜溜地回到家，已经是"形容枯槁，面目黧黑"，心里很惭愧，更是遭到家人的冷视。于是奋发读书，后来被拜为六国丞相，再次回家时受到家人的热烈欢迎，苏秦于是发出了感慨："嗟乎！贫穷则父母不子，富贵则亲戚畏惧，人生世上，富贵安可以忽乎哉？"享受过爱情的甜美，经受过敌人的仇恨，曾经显达也有过失意，如此种种皆有感受，自然就对世间毁誉不在心上，任由他人呼牛唤马，也能做到无动于衷。

八十二、前念后念，随缘打发

今人专求无念，而终不可无。只是前念不滞①，后念不迎，但将现在的随缘②打发③得去，自然渐渐入无。

▌注释 ▌

①滞：停滞。②随缘：佛为众生而施教化。③打发：处置。

▌译文 ▌

今人一心想心无杂念，终究达不到完美的地步。只要先前的杂念不存，后来的杂念不起，将现在的杂念随缘而去，自然达到无杂念的境界。

▌点评 ▌

天气凉爽的早晨，微风吹拂鸟语花香，这是一天中最美好的时刻。每个人都应保持"苟日好，日日好，又日好"的心态，消除心中的杂念，以开朗的心胸迎接新的一天。常看到某些人，一旦生活不如意就怨天尤人，懊悔过去，不满现实。其实只要有"检讨过去、把握现实、策划未来"的态度，自然能达到超脱杂念、凡事随缘的忘我境界。

八十三、意有偶会，便成佳境

意所偶会便成佳境，物出天然才见真机，若加一分调停布置，趣意便减矣。白氏①云："意随无事适，风逐自然清。"有味哉其言之也。

注释

①白氏：指白居易。

译文

心中偶有领悟才会达到美妙的境界，事物要自然生成才显现真正的机趣，如果人为安排布置，情趣意境就会消减。白居易诗云："意随无事适，风逐自然清。"这句话值得玩味，所说正是这个道理。

点评

"文章本天成，妙手偶得之。"自然是最清纯的，也最有韵味。意念听任无为，才使身心舒畅。酷热的夏季，空调的冷风虽然凉爽，却不如自然风舒适。何止风是如此，世间万物都是如此。自然而然是最佳境界，显示造物者的鬼斧神工，若是加上人工修饰，就显得矫揉造作，大大减低了趣味。所以，人贵自然，文贵自然，万物均贵自然。

八十四、性天澄澈，何必谈禅

性天①澄澈，即饥餐渴饮，无非康济②身心；心地沉迷，纵谈禅演偈，总是播弄③精魂④。

注释

①性天：天性。②康济：安民济众，这里指保养。③播弄：耗费。④精魂：精神和魂魄。

译文

天性纯真的人，饿了就吃，渴了就喝，即使无意修炼，亦能保养身心；沉沦堕落的人，即使谈论佛经，研究禅理，也只是徒耗费精力。

点评

做事的关键在于务实，只讲究形式而不讲究实质就难以见效。花拳绣腿敌不过有功夫的人，夸夸其谈并不代表有学问。同样，真正信佛的人不一定要落发为僧，出家修行的人也不一定是好和尚，所以凡事不要拘泥形式而应讲求实质。真正了悟禅机的人从不说禅，这是因为禅在于悟，在于身体力行，而不在于说。如颜子"一箪食，一瓢饮，居陋巷，人不堪其忧，回也不改其乐"的精神，表面虽然清苦，精神却极为快乐。梁武帝萧衍，虽然平日吃斋念佛，而且三舍其身于同泰寺出家，可是由于沉迷于权力和声色物欲太深，最终遭侯景之乱而饿死台城。

八十五、人有真境，即可自愉

人心有个真境①，非丝非竹而自恬愉，不烟不茗②而自清芬。须念净境空，虑忘形释③，才得以游衍④其中。

注释

①真境：真实的境界，也指仙境。②茗：茶。③形释：躯体解脱。④游衍：恣意游荡。

译文

只要内心有真实的境界，不需要丝竹管弦也觉闲适愉快，不燃香不饮茶也感清新芳香。必须心中纯洁、意念空灵，忘记忧思解脱形体，才能恣意游荡在真实的境界。

点评

人心都有一种微妙的真境，这种境界本于天道自然。用丝竹管弦演奏的乐曲，听过以后就忘了。檀香茗茶

都会散发清香，但闻过也就忘了。所以，这一微妙的真境并非从音乐中求得，而是从恬淡生活中来，不是从香烟茗茶中求得，而是从清静芬芳中来。假如想悠游于这种境界，必须先使内心清净，断绝对于名利和物欲的追求，才能使内心拥有真如之性。外在得失、声色刺激是如此短暂，唯有心中的音乐、心中的清香才可以长久。

八十六、真不离幻，雅不离俗

金自矿出，玉从石生，非幻①无以求真②；道得酒中③，仙遇花里，虽雅不能离俗。

▌注释

①幻：万物空无的意思。②真：真如实相。③道得酒中：从饮酒中悟得真理，说明道理无所不存。

▌译文

黄金从矿石中冶炼，美玉由石头琢成，可见不经虚幻就无法得到真实；道理在饮酒中悟得，神仙在声色场中遇到，即使高雅也不能完全脱俗。

▌点评

人在红尘之中，怎能完全脱俗呢？矿砂要冶炼才能成黄金，矿石要琢磨才能成美玉，人要经历练才能成长。黄金成为黄金，美玉成为美玉，是因为自身有黄金和美玉的本质。人的本质，决定了一个人的发展方向。气质高雅的人，即使在俗世成长，也会显露天生丽质。假如缺乏"善"的本质，即使读书万卷，也跟禽兽无异。

八十七、何须分别，何须取舍

天地中万物，人伦①中万情，世界中万事，以俗眼观，纷纷各异；以道眼②观，种种是常。何须分别，何须取舍？

▌注释

①人伦：封建社会道德观念，指父子有亲，君臣有义，夫妇有别，长幼有序，朋

友有信。②道眼：超越世俗的眼光。

译文

天地万物，人伦万事，世间万事，用凡俗的眼光看，纷扰繁复各不相同；用悟道者的眼光看，本质相同，都是平常。没必要去区分，没必要去取舍。

点评

有心才有烦恼，无心哪来烦恼？万事万物虽然不同，但究其实质都有产生、发展、灭亡的过程；芸芸众生虽然不同，但在本质上都有喜怒哀乐、生老病死。人生要安心，才能悟此生。曾子《大学》专谈修养心性的功夫，并制定出严整的程序，即"定、静、安、虑、得"，告诉人们修养心性须从"定"字入手。稳定才能心静，心静才能心安，心安才能思考，思考才能有所得。以此修行，可循序而渐进。

八十八、布被酣眠，粗茶淡饭

神酣①布被窝中，得天地冲和②之气；味足藜羹饭后，识人生淡泊之真。

注释

①酣：酣眠。②冲和：冲淡平和。

译文

安然酣睡在粗布棉被中，得到天地间的和顺之气；粗茶淡饭吃得香甜，才能体会淡泊人生的真趣。

点评

相对于物质上的富足而言，人生的快乐更在于精神的愉悦，孔子说："饭疏食饮水，曲肱而枕之，乐亦在其中矣。不义而富且贵，于我如浮云。"比起那些做了坏事而昼夜难眠的人来说，胸怀坦荡能吃能睡才是最幸福的。吃东西也是如此，不一定美酒佳肴才有味，只要心情愉快，即使粗茶淡饭，也是人生至乐。没有种种欲念烦扰，没有太多心计，就会吃得开心，睡得安乐，这种精神上的快乐，是人生最大的快乐。

八十九、了心悟性，俗即是僧

缠脱①只在自心，心了则屠肆糟廛②，居然净土③。不然，纵一琴一鹤，一花一卉，嗜好虽清，魔障④终在。语云："能休尘境为真境，未了僧家是俗家。"信夫！

注释

①缠脱：困扰解脱。②屠肆糟廛：肉市和酒铺。③净土：佛家语，指佛国。④魔障：佛家语，指妨害修道的事物。

译文

想摆脱世俗的纠缠，关键在于内心，如果有所了悟，那么肉市酒肆也会变成净土。不然，纵使是和琴鹤为伍，花草为伴，爱好清雅，羁绊的魔障终究存在。俗话说："能休尘境为真境，未了僧家是俗家。"这句话千真万确。

点评

能够摆脱尘世的羁绊，才能进入真我的境界；不能了却尘缘，即便身在寺院，也和俗家没有什么两样。心中的真境在于是否能了悟，而不是某种形式，不然就成了穿着袈裟身在寺院的俗人。无论是陷入俗世的烦恼，或是解脱烦恼而得到快乐，关键在于一念之间。只要大彻大悟，即使置身于屠宰场，也跟在极乐净土一般。即便在酒肆和妓院，也可以弘扬佛法教化众生。生活中的道理也是这样，做事不能只求形式上的完善，关键在于思想上是否达标。

九十、万虑都捐，一真自得

斗室①中，万虑都捐②，说甚画栋飞云，珠帘卷雨③；三杯后，一真自得，唯知素琴横月，短笛吟风。

注释

①斗室：形容房屋简陋狭小。②捐：抛弃。屈原《九歌·湘君》："捐余玦兮江中。"③珠帘卷雨：形容房屋极度华丽。

译文

住在狭窄的小屋，世间忧愁全消，说什么雕栋飞云的华屋；三杯酒后，领悟道理悠然自得，只管对月弹琴，迎风吹笛。

点评

一个人如果有博大的胸怀，高尚的情操，即使身居陋室，也会美名远扬。唐代刘禹锡《陋室铭》，最能描写"斗室中万虑都捐"的情景："山不在高，有仙则名；水不在深，有龙则灵。斯是陋室，惟吾德馨。""可以调素琴、阅金经，无丝竹之乱耳，无案牍之劳形。"狭小的陋室，因为主人的品行而蓬荜生辉。当心灵的空间变得辽阔，陋室就不再是陋室，而是雅室。反之，身居高楼大厦却言行粗鄙缺乏修养的人，只会使自己住所黯然失色。

九十一、一枝独秀，无限生机

万籁寂寥①中，忽闻一鸟弄声，便唤起许多幽趣；万卉②摧剥后，忽见一枝擢秀，便触动无限生机。可见性天未常枯槁，机神③最宜触发。

注释

①寂寥：无声的空寂。刘禹锡《秋词》："自古逢秋悲寂寥，我言秋日胜春朝。"②万卉：各种花草。③机神：微妙的机遇。

译文

在万物俱静的时候，

忽然听见一声鸟叫，则会唤起许多幽趣。百花凋谢枯败后，忽然看见一枝鲜花挺拔怒放，便会触动心灵引发无限生机。可见万物的本性并不全是枯萎，生命的机趣应该不断激发。

点评

清静的深夜，一声清脆的鸟啼，会让人心灵颤抖。一枝在深秋怒放的花朵，会让人感叹生命力的伟大。"山穷水尽疑无路，柳暗花明又一村"，这是宋代诗人陆游的名句。情趣来自生活的契机，它不在远处，就在眼前。也许人生路，注定多歧途。但当我们身处绝境的时候，千万不要自暴自弃，只要再坚持一下，可能就会绝处逢生。不是在此处，就是在彼处。可以转化方向，可以变更路途。因为天无绝人之路，只要意志坚定，总有成功的希望。

九十二、把柄在手，收放自如

白氏①云："不如放身心②，冥然任天造。"晁氏③云："不如收身心，凝然归寂定④。"放者流为猖狂，收者入于枯寂。唯善操身心者，把柄在手，收放自如。

注释

①白氏：指唐代诗人白居易。②放身心：放松身心一任天然。③晁氏：宋代文人晁补之。④寂定：断除妄心而入禅定状态。

译文

白居易说："不如放任身心，默听天地造化。"晁补之说："不如收敛身心，静使一切归于安寂。"放任往往使人狂妄自大，过度收敛心又会归入枯寂。只有善于把持身心的人，控制的开关在手中，可以收放自如，从而取得平衡。

点评

白居易说"身心任天造"，主张凡事大胆去做，至于成败则听凭天意。晁补之说"身心归定室"，劝人静坐修身，带有浓厚的佛家口吻。若是放任身心到"磨顶放踵利天下而为之"，就成了墨家学派的兼爱救世；若是收敛身心到"彻见自性体得真如"，未尝不能成佛见性、教诲世人。然而，世人不是放任猖狂玩世不恭，就是枯寂厌世遁迹山林。唯有善于操纵内心的人，才能掌握事物的发展规律，做到收放自如，适可而止。

九十三、造化人心，混合无间

当雪夜月天，心境便尔①澄澈；遇春风和气，意界②亦自冲融。造化③人心，混合无间。

注释

①便尔：就会。②意界：心境。③造化：天地自然。

译文

雪夜明月当空，心境清澈明净；春风和煦吹拂，意境自然通达。天地造化和人心交汇，浑然一体没有区别。

点评

"江山有代谢，往来无古今。"春夏秋冬，四时变化，人力是无法改变的。古人认为天人合一，是因为阴阳二气相生相克。而清风朗月，适宜诗人的无穷兴致；阴雨连绵，徒增旅人的不尽忧愁。可见，人的情绪难免会受到自然的影响。雪，性寒而纯洁，古人用"艳若桃李，冷若冰霜"，形容女子的美貌和坚贞。"梅雪争春未肯降，骚人搁笔费评章。梅须逊雪三分白，雪还输梅一段香。"可见，人间有悲欢离合，天有阴晴月有圆缺，心境与天境合一，才生出无限的感慨。

九十四、文以拙进，道以拙成

文以拙①进，道以拙成，一拙字有无限意味。如桃源犬吠，桑间鸡鸣，何等淳庞②。至于寒潭之月，古木之鸦，工巧中便觉有衰飒③气象矣。

注释

①拙：质朴自然。②淳庞：淳朴充实。③衰飒：衰落，没落。

译文

文章质朴才能进步，学道真诚才能有成，一个"拙"字意味悠远。如同桃源狗叫，桑间鸡鸣，何等淳朴幽深。至于寒潭映月，枯树老鸦，虽然工巧，实则显露衰败的气象。

点评

陶渊明的《桃花源记》描写了他心中的理想社会，是对老子"小国寡民"的最好注解："晋太元中，武陵人捕鱼为业。缘溪行，忘路之远近。忽逢桃花林，夹岸数百步，中有杂树，芳草鲜美，落英缤纷，渔人甚异之。复前行，欲穷其林，林尽水源，便得一山。山有小口，仿佛若有光，便舍船从口入。初极狭才通人，复行数十步，豁然开朗。土地平旷，屋舍俨然，有良田美池桑竹之属。阡陌交通，鸡犬相闻，其中往来种作，男女之衣裳，悉如外人，黄发垂髫，怡然自乐。"

拙非愚笨，而是拙朴。与巧饰美相比，拙朴美更深一层，巧饰来自人力，借助外来之物，掩饰了真实的本性。拙朴出于天然，有纯真不染之趣，尤其难能可贵。老子有"巧为拙之奴"，"拙能制巧"的说法，而文章做到极致，就可以"反巧为拙"，这是物极必反之理。"巧者不坚，拙者永固"，这说明了"拙"字的可贵。虽然寒潭之月和古木之鸦，看似天工弄巧，实则显露萧瑟的景象。

九十五、以我转物，大地逍遥

以我转物①者，得固不喜，失亦不忧，大地尽属逍遥；以物役我②者，逆固生憎，顺亦生爱，一毫便生缠缚③。

注释

①以我转物：我为万物的主宰。②以物役我：以物为中心，我受物质的控制。陶渊明《归去来兮辞》："既自以心为形役，奚惆怅而独悲。"③缠缚：束缚困扰，不能解脱。

译文

由我来把握和主宰事物,成功时不会欣喜,失败了没有忧愁,没有羁绊和牵挂,就会逍遥自在;若让事物来奴役我,不顺利时就恼恨,顺利时又喜欢,琐屑小事也使身心受到困扰。

点评

心是自我的主宰,只要在精神上超脱了物质的层面,就能面对无比开阔的世界,不为尘世所束缚。"迷与悟"、"苦与乐"都在一念之间,是役物还是役于物,这是问题的症结所在。所以,六祖惠能发出"心迷法华转,心悟转法华"的警语。以我为中心,万物为我所用,失去一物可另取一物,败了一事可另创一事。尽可海阔天空、无忧无虑。人一旦为外物所役使,就会患得患失,斤斤计较,做任何事都不开朗,结果弄得事事局促,惹来一肚子烦恼。

九十六、形影皆去,心境皆空

理①寂则事寂,遣事②执理者,似去影留形;心空则境空,去境存心者,如聚膻却蚋③。

注释

①理:理性。②遣事:排解事物。③聚膻却蚋:聚集腥膻赶走蚊虫。

译文

世间的道理归于空寂,万物也会归于空寂,舍弃事实而执着于道理,就像排除影子却留下形体;内心如果空寂,环境也会空寂,若舍弃境遇而执着于此心,就像聚集腥膻却驱赶蚊蝇。

点评

有人才有影子,没有人自然没有影子,如果人都不存在,哪里去找影子呢?因此,没有客观事物,就不会有主观意识;没有主观意识,客观事物也就失去价值。"执着事物原是迷,执理不舍亦非悟。"执着事物的多是俗人,执理不舍的多是学者。执着事物之病容易，执着道理之病难解。没有客观依据，却执着于空泛的道理，是没有好处的。对于人的内心而言，如果不起酒色之念，即使出入于酒肆妓院，也会视而不见，听而不闻。否则就是隐居深山，却仍然思念酒色，就如聚集腥膻却想排除蝇蚁一样，是极为可笑的。

九十七、不劝为饮，不争为胜

幽人①清事，总在自适。故酒以不劝为饮，棋以不争为胜，笛以无腔为适，琴以无弦为高，会②以不期约为真率，客以不迎送为坦夷③。若一牵文泥迹④，便落尘世苦海⑤矣！

注释

①幽人：指隐居不仕的人。②会：约会。③坦夷：坦白快乐。④牵文泥迹：为烦琐的世俗礼节所牵挂拘束。⑤苦海：佛家语，比喻陷入无穷的苦境。《楞严经》："引诸沉冥，出于苦海。"

译文

隐居的文人雅士，大多是为了顺应本性。饮酒时以不劝为快乐，下棋时以不争为高明，吹笛时以自得其乐为快意，弹琴时以信手拈来为雅致，相会时以不受约束为真挚，宾客间以不送往迎来为坦荡。假如受到繁文缛节的束缚，那么就要掉进世

俗的苦海。

点评

　　世俗的窠臼，往往束缚人的本性，给人带来许多烦恼。所以，若把那些陈规陋习比作是泥淖，是苦海，一点也不过分。下棋为了争一步而面红耳赤乃至动手，喝酒总要让来劝去胡搅蛮缠，那就不是乐趣，而是苦趣了。晋代陶渊明以抚弄"无弦琴"为乐事，他认为"要知琴中趣，何劳弦上音"。所以，凡是违背本性的，都不会有好结局。人若没有一点超越凡俗的精神，就会陷身于世俗的泥淖，难以自拔。天地万物正因为随缘适性，才保有了最美好的天性，由此和谐而圆满。人生也当如此。

九十八、万念灰冷，一性寂然

　　试思未生之前有何象貌①，又思既死之后作何景色，则万念灰冷，一性寂然②，自可超物外而游象先③。

注释

　　①象貌：形体容貌。②一性寂然：指人内在的本性。③象先：指超越各种形象。

译文

　　想想生前是什么形体相貌，再想想死后又是什么光景，原有的念头便会冷却消失，内心也会突显寂静本性，由此就可以超然物外，遨游于天地之间。

点评

　　关于生死问题，不知有多少人苦心探讨，至今也没有结论。所谓"前世、今生、来世"，是否如佛教所说，有天堂地狱及生死轮回？或者，生与死既可以是物质的，也可以是精神的。死有轻于鸿毛，也有重于泰山。作者所说，无非是指生命的短暂，精神的永恒，只要保持心性自然，就可以超然物外，遨游于天地之间。孔子说："未能事人，焉能事鬼？未知生，焉知死？"表达了儒家思想中的进取精神，所以面对人生要积极奋斗而不可有丝毫懈怠。

九十九、福祸生死，须有卓见

遇病而后思强之为宝，处乱而后思平之为福，非蚤智①也；幸福②而先知其为祸之本，贪生而先知其为死之因，其卓见乎。

▶ 注释

①蚤智：先见之明。蚤，同"早"。②幸福：侥幸得到的幸福。

▶ 译文

生病之后才想到身体健康的可贵，遭遇变乱才会思念太平岁月的幸福，不算是远见卓识；侥幸得到的幸福是惹祸的本源，爱惜生命却也知道有生有死，这是真知灼见。

▶ 点评

人们总要通过一番波折，才能看透事情的真相。失去自由才知道自由的可贵，失去健康才知道健康的可贵。俗语说"宁做太平犬，不为乱世人"，就是这种人生体验。动极思静，乱极思治是人之常情。可见处乱而后思平之为福，仅仅有这种体悟是不够的，虽然能够亡羊补牢，然则羊已不存。一叶落知天下秋，凡事都要洞察先机，具备了洞察事物发展变化的能力，就能自如驾驭生活了。

一〇〇、歌残舞罢，美丑何存

优人①傅粉调朱，效妍②丑于毫端，俄而歌残场罢，妍丑何存？弈者争先竞后，较雌雄③于着子，俄而局尽子收，雌雄安在？

▶ 注释

①优人：戏子。②妍：美丽、美好。③雌雄：胜败。

▶ 译文

演戏的伶人涂抹胭脂口红，将美丽和丑陋再现得惟妙惟肖，歌舞结束好戏散场之后，那些美丽和丑陋哪里还会存在？下棋的人争先恐后，通过下棋比个你高我低，一会儿棋局结束收起棋子,刚才的胜负又在哪里?

▶ 点评

人生百年,其实不过是数十寒暑,一切是非成败都是短暂的,万般事物也会消失无踪。人生好比在演戏,社会就是一个大舞台。名优名伶粉墨登场,喜怒哀乐丝丝入扣。等到曲终人散,舞台上只能留下空虚寂寞。然后会换来一批新的角色,扮作如此的表演。人生好比在下棋,围攻争夺比高比低,棋局结束,成败得失无复存在。"尧舜指让三杯酒,汤武争逐一局棋",可谓点破了生命的一切,对于漫长的历史来说,功名利禄实在微不足道,转眼间烟消云散,何必耿耿于怀不肯放手呢?

一〇一、风花潇洒,雪月空清

风花之潇洒,雪月之空清,唯静者为之主;水木之荣枯,竹石之消长,独闲者操其权①。

▶ 注释

①权:引申为评量得失。

▶ 译文

花朵摇曳随风而舞,明月皎洁雪夜空灵,只有内心宁静的人,才能享受怡人的风景;河边树木繁茂或枯败,竹间石头消退或增长,只有意态悠闲的人,才能领会其中的雅趣。

▶ 点评

物欲强者迷于富贵功名,雅兴高者恋于风花雪月。虽然都是一种人生境界,但情趣感受却各不相同。唐诗有"铁甲将军夜渡关,朝臣待漏五更寒。山寺日高僧未起,算来名利不如闲",这是一种否定功名利禄的无为思想。大自然的山川草木奇花异石,可以供人欣赏以调剂身心,但把精力消磨在这里,未免太浪费时光。既能寄情于山水,淡泊名利,又能尽到自己的社会责任,才是积极进取的人生。

一〇二、天全欲淡,虽凡亦仙

田父野叟①,语以黄鸡白酒②则欣然喜,问以鼎食③则不知;语以温饱短褐则油然乐,问以衮服则不识。其天全④,故其欲淡,此是人生第一个境界。

▶ **注释**

①野叟:村野老人。②白酒:未经配料的酒。唐代李白《南陵别儿童入京》:"白酒初熟中山归,黄鸡啄黍秋正肥。"③鼎食:列鼎而食,指豪门大家的饮食。④天全:天性得以保全。

▶ **译文**

田间的农夫或山间的樵夫,问到黄鸡白酒则欣然而乐,问到山珍海味就全然不知;谈论粗布袍和麻布短衣则自然愉快,问到华美的朝服却一点不懂。因为保持了纯真的本性,所以欲望淡泊,这是人生的第一等境界。

▶ **点评**

说到黄鸡白酒,田园生活,人们会生发一种向往之情。民初苏曼殊写诗表达了这种生活情趣:"狂歌走马遍天涯,斗酒黄鸡处士家。逢君别有伤心在,且看寒梅未落花。"随着年龄的增长,人从天真无邪到了欲望填心的地步,故而会经常烦恼。要想消除种种烦恼和魔障,就要摆脱日益竞争的疲惫不堪,远离名利场上的钩心斗角。山野樵夫之乐,只在于黄鸡白酒,粗布短袄,除此之外别无所求。所以,乡村的生活虽然清苦,却远离了红尘喧嚣,而有稻花飘香、清风徐来,这是人生的一大乐境。

一〇三、观心增障,齐物剖同

心无其心,何有于观。释氏①曰:"观心者,重增其障。物本一的,何待于齐?"庄生②曰:"齐物者,自剖其同。"

▶ **注释**

①释氏:释迦牟尼,指佛家。②庄生:庄子。

译文

人心若无妄念，何必要去操心呢？佛家说："观心，反而是增加修持的障碍。天地万物原本是一体的，何必等人去整齐划一？"庄子说："物我齐一，是把本属一体的东西分开。"

点评

庄子的"齐物论"是指：齐是非，齐物我，齐彼此。他认为万事万物尽管纷繁无边，但就其实质来说没有差别，都是平等的。人心经常产生妄念，而妄念并非实体。不但妄念不是实体，连本心也是虚无的。佛家说，观念也是多余的，而且增加了烦恼与障碍。"拿着扫帚不扫地，深怕扫起心上尘。"这句颇富禅机的话，其实是说人心本是清净无尘的。佛家观心，庄子齐物，都是说心外无物，生和死本是一回事。执着于虚妄，才有了分别心。一尘不染，本是修行之人应有的修行功夫。

一〇四、笙歌浓时，拂衣而去

笙歌①正浓处，便自拂衣长往，羡达人撒手悬崖；更漏②已残时，犹然夜行不休，笑俗士沉身苦海。

注释

①笙歌：吹笙唱歌，比喻声色场所。笙，乐器名，用瓠制造，共十三管，分置瓠中。 ②更漏：古代用滴漏计时，夜间凭此打更。

译文

当歌舞达到高潮的时候，自行拂衣离去，这种豁达的人能撒手于悬崖，真是令人羡慕；夜深人静的时候，还有人在不停奔走忙碌，这种沉沦世俗苦海的人，说来实在可笑。

点评

"花要半开，酒要半醉。"在事理通达的人看来，只有把握内心，坚守信念，才能充分享受生活的乐趣。那些喝酒不加节制以致酗酒惹事的人，不但不是享乐反而是在受罪或犯罪。"唯酒无量,不及乱",是说喝酒不必定量,但以不喝醉为原则。唐玄宗和杨贵妃并坐欣赏狂歌艳舞,以致沉沦其中,在笙歌正浓时不能拂衣而去,所以招来"安史之乱",使大唐帝国的基业险些葬送。马嵬坡下,唐玄宗竟然挽救不了爱妃的命运,"君王掩面救不得,回看血泪相和流。"因此,在得意时,要做到适可而止急流勇退,才能使自己不坠痛苦的深渊,走在生命的任何阶段,都能如履平地,安全度过。

一〇五、绝迹尘嚣,混迹风尘

把握未定,宜绝迹尘嚣,使此心不见可欲而不乱,以澄①吾静体②;操持既坚,又当混迹风尘,使此心见可欲而亦不乱,以养吾圆机③。

▍注释

①澄:使之澄澈。②静体:指静养身心。③圆机:佛家语,比喻见解超脱,圆通机变,不为外物所役。

▍译文

内心还不足够坚定时,应远离红尘纷扰,使内心不受欲望的诱惑,以此领悟纯洁的本色;内心足够坚定时,应该混迹于风尘,接受欲望的诱惑也不迷乱,以此修养圆通机变的智慧。

▍点评

世间有很多东西,容易让我们沉迷,比如权势、金钱、情欲等,倘若没有足够的智慧和定力,就会沉沦其中无法自拔。尤其是思想尚未成熟的青少年,最易误入歧途而堕落。假如有了足够的智慧和定力,就可以身入红尘,和各种环境接触,以磨炼自己圆融质朴的本性。当然,即使操守坚定,接触风月场合时,也必须提高警觉,否则会有自坏晚节之虞。

一〇六、人我一视,动静两忘

喜寂厌喧者,往往避人以求静,不知意在无人便成我相①,心著于静便是动根②,如何到得人我一视③、动静两忘的境界?

注释

①我相:佛家语,佛教四相之一,即我相、人相、众生相、寿者相。②动根:动乱的根源。③人我一视:我和别人同等看待。

译文

喜欢寂静、讨厌喧嚣的人,常常离群索居以求安宁,却不知有意远离人群便是为了自我,而刻意求静则是烦躁的动因,又怎能将人我视为一体,如何达到动静两忘的境界呢?

点评

表面的平静,往往不是真能平静;内心的平静,才是本质上的平静。人们常说"大隐隐于市",这是一种"和光同尘"的生活态度,非拥有大智慧的人不能做到。喜欢清静的人,远离尘嚣隐居山林,为了求得生活宁静。其实这并非真宁静,假如不能忘记世俗琐事,内心仍是烦恼。既然和人群疏离,就表示还有人我、动静的观念,自然无法获得真正的宁静。所以,必须放弃执着心和区别心,陶渊明有"结庐在人境,而无车马喧。问君何能尔?心远地自偏"句,才是达到了身心都能安宁的境界。

一〇七、山居清洒,不入凡俗

山居胸次①清洒,触物皆有佳思:见孤云野鹤②,而起超绝之想;遇石涧流泉,而动澡雪③之思;抚老桧寒梅,而劲节挺立;侣沙鸥麋鹿,而机心顿忘。若一走入尘寰,无论物不相关,即此身亦属赘旒④矣!

注释

①胸次:胸怀。②孤云野鹤:比喻隐居或闲散的人。③澡雪:洗涤,指除去杂念保持心灵纯洁。④赘旒:连缀在旌旗上的飘带。指多而无用的事物,也比喻实权旁落。

▶ **译文**

居住于山野,心胸清新而开朗,接触事物时遐想无限:看孤云飘荡野鹤飞翔,会有超尘脱俗的感想;遇到清泉流动,会有澡雪精神的意志;抚摸苍松寒梅,会有挺立傲雪的情怀;伴游海鸥麋鹿,可以忘却一切心机。一旦回到尘世,不止万物和我无关,即使身体也是多余的。

▶ **点评**

俗话说"近朱者赤,近墨者黑",在社会上生活时间久的人,就会染上很多不良习惯,比如市侩的习气。隐居山林则能胸怀清静,山中景物处处使人心旷神怡、自由自在。看到孤云野鹤就起绝俗之想,看见山涧流水就起清净之思,看见苍松寒梅就会威武不屈,看见沙鸥驯鹿就会忘却机心。如此种种,最能引发诗人的感怀联想,所以有"诗思在灞陵桥上风雪之中,在驴子背上骑驴人身上"的说法。孟子说"居移气,养移体",所有这些都由环境所引发,在无形中生成一种脱俗的气质。

一〇八、野鸟忘机,白云无语

兴逐时来,芳草中撒履闲行,野鸟忘机①时做伴;景与心会,落花下披襟兀坐②,白云无语漫相留。

▶ **注释**

①忘机:忘了危险。②兀坐:独自静坐。

▶ **译文**

有了兴致的时候,可以在草地上脱了鞋子漫步,野鸟也会忘了危险飞来做伴;景致与心灵融合时,落花下披衣独坐,仰望白云相对无言,却有留恋之心。

▶ **点评**

"道高龙虎伏,德重鬼神钦。"尽管大自然是无心的,但当我们抛去了私心杂念,就能与天地融为一体,达到物我两忘的境界。不但猛兽驯服在前,野鸟也会亲近而不担心。陶渊明《四时读书乐》:"好鸟枝头亦朋友,落花水面皆文章。"远离喧嚣的尘世,身在山水之间,就能体会"人来鸟不惊"的境界。湖光山色,春风拂柳,怡然陶醉在忘我的境界中,能得到这种快乐,就等于做神仙了。

一〇九、念头稍异,境界顿殊

人生福境祸区,皆念想造成。故释氏云:"利欲炽然即是火坑①,贪爱沉溺便为苦海。一念清净,烈焰成池;一念警觉,航登彼岸②。"念头稍异,境界顿殊,可不慎哉!

▶ 注释

①火坑:佛家认为六道轮回中,以地狱、饿鬼、畜生三道受苦最烈,比作火坑。
②彼岸:超脱生死,修成正果。即涅槃的境界。

▶ 译文

人生的幸福和灾祸,往往都在一念之间。所以释迦牟尼说:"对名利的欲望太炽热,就会陷于火坑,过度沉沦贪嗔爱恋,就会掉入苦海。清醒的念头可使火坑变成水池,一念觉悟即可到达彼岸。"念头稍异,境界有天渊之别,不能不谨慎!

▶ 点评

善恶全在于人的内心,幸福与否都在一念间。俗话说"相由心生,相随心灭",就是这个道理。有了利欲之念,人会变得贪婪,火一般炽烈,也就由此堕入痛苦地狱。沉溺于贪爱,人的内心会有痴情妄念,就会沉沦到苦海深渊。可见,只要内心清净,即使出现炽烈的欲火,也能化为清凉水池。假如能时时警觉,贪恋之心也可彻悟,进而登到彼岸。可见一念之差,境界悬殊,造成天壤之别。人生虽短,歧路却多,面对选择要慎之又慎,择其善者而从之。

一一〇、水滴石穿,瓜熟蒂落

绳锯木断,水滴石穿,学道者①须加力索;水到渠成②,瓜熟蒂落,得道者一任天机③。

注释

①学道者：学习道行、追求真理的人。②水到渠成：比喻做事听其自然。③一任天机：完全靠天赋禀性。

译文

绳子可以锯断木头，水滴可以穿透石头。修行学道的人应该努力用功，才能有所收获。水流汇集形成沟渠，瓜果熟透自行落下。要想悟得真理，任由自然才能结成正果。

点评

荀子有名言："不积跬步无以至千里，不积小流无以成江河。"又说："锲而不舍，金石可镂。"这都说明，一个人但凡要成就事业，就要有锲而不舍的精神和百折不挠的勇气。古人求学有"头悬梁、锥刺股"的故事，只要有恒心，铁杵也能磨成针。华罗庚说"勤能补拙是良训，一分辛苦一分才"，孙中山说"有恒为成功之本"，这就是立志有恒，百折不回的奋斗精神。如果做事情总是浅尝辄止，遇到点困难就退却，终生都会一事无成。

———、月到风来，车尘马迹

机息①时，便有月到风来，不必苦海人世；心达②处，自无车尘马迹，何须痼疾丘山③。

注释

①机息：机心停止，不使用计谋。②心达：指思想超越尘世。③痼疾丘山：指对山林有特殊爱好。痼疾，特殊的爱好。

译文

妄念停息，便能感受到清风明月，不再将人间看成苦海；心境豁达，就没有车马喧嚣的嘈杂，不必寻找僻静的山林。

点评

登临高山会心神开阔，面对流水会意念深远。心是诸法之源，只要不起杂念，外相就不会发生。对于万事万物，皆要以心为主宰，不可任由红尘诱惑而枉起心念。"枉费心机"，是说人不可以有机诈心，有了机诈心就远离了本心。常言道"有心为善，虽善不赏；无意为恶，虽恶不罚"，可见心机的有无跟因果有很大关系，生活中要少用心机或不用心机，凡事尽力去做就可以了。不然的话，就会"枉费心机空费力，雪消春水一场空"。

——二、生生之意，天地之心

草木才零落①，便露萌颖②于根底；时序虽凝寒③，终回阳气④于飞灰⑤。肃杀之中，生生之意常为之主，即是可以见天地之心。

注释

①零落：草木凋零。②萌颖：萌芽。③凝寒：极度寒冷。④阳气：指春天和暖的气候。⑤飞灰：古时置木灰于筒中，冬至时一阳来复，其灰飞去，以定时序。

译文

花草树木的叶子飘零时，根底已露新芽；季节虽是寒冬，终究会有温暖时节。严寒肃杀的氛围，蕴含着生生不息的力量，可见天地哺育万物的好生之德。

点评

常言道"有生必有死，有死必有生"，天地万物就

是如此轮回交替，所以"天地之大德曰生"。邵康节诗有："冬至子之半，天心无改移。一阳初动处，万物未生时。"万物虽然没有诞生，然而生生之机已经孕育其内。秋冬萧瑟肃杀，万木枯寒时尚存无限生机，可见天无绝人之路，也无绝人之心。很多时候，人生是"山重水复疑无路，柳暗花明又一村"，当身处绝境的时候，不要灰心丧气一蹶不振，要对前途充满必胜的信心。只要不自暴自弃，黑暗过后是黎明，寒冬过后必是暖春。

一一三、雨后观景，深夜钟声

雨余观山色，景象便觉新妍[①]；夜静听钟声，音响尤为清越[②]。

▶ 注释

①新妍：景色清新美丽。②清越：声音清脆悠扬。

▶ 译文

雨过天晴，观赏山间景色，景致特别清丽；夜深人静，听闻远处钟声，声音尤其悠扬。

▶ 点评

大自然有一种独特的力量，往往使人对它情有独钟。像雨后的山景清秀美丽，像深夜的钟声清晰悠扬，给人视听上的享受，可以说是精神上的安抚。当然，对于事物的感受会因个体的不同而又差异。唐代张继《枫桥夜泊》："月落乌啼霜满天，江枫渔火对愁眠。姑苏城外寒山寺，夜半钟声到客船。"意境清新，使人体会到山川河流间的幽美景色。

一一四、雪夜读书，神清气爽

登高使人心旷，临流[①]使人意远[②]。读书于雨雪之夜，使人神清；舒啸[③]于丘阜[④]之巅，使人兴迈[⑤]。

▎注释

①临流：站在岸边，靠近河流。②意远：意趣超逸。③舒啸：长啸。④丘阜：山冈。⑤兴迈：兴致豪迈。

▎译文

登高可以使人心旷神怡，临水可以使人意境深远。读书于雨雪之夜，会使人神清气爽；仰天长啸于山巅之上，会让人振奋无比。

▎点评

中国古代有"移情说"，登临高山之巅，观澜大河奔流，可以振作人的精神，豁达人的心胸。"无限风光在险峰"，人的心灵往往能够体验到高山的峻拔，大河的深远，雨雪之夜的幽邃。孟子对"登山观水"的感受颇为深刻，他说："孔子登东山而小鲁，登泰山而小天下，故观于海者难为水，游于圣人之门者难为言。观水有术必观其澜，日月有明，容光必照焉。"清代纪晓岚《登高诗》："一上一上又一上，一上上到高山上。回首红日白云低，四海五湖皆在望。"写出了登山后的雄伟豪迈。可见，大自然对于人情绪、性情的影响是巨大的。

一一五、万钟如瓦罐，一发似车轮

心旷则万钟①如瓦罐②，心隘③则一发似车轮。

▎注释

①万钟：古量器名，形容极多。②瓦罐：陶制容器。③隘：狭窄，狭小。

▎译文

心胸开阔，即使有万钟俸禄，也可看成瓦罐；心胸狭隘，即使一点金钱，也会看得像车轮沉重。

▎点评

宰相肚里能撑船，是说豁达开朗的人，有包容天下的心胸，所以能成就大业。孔子说："饭疏食饮水，曲肱而枕之，乐亦在其中矣。不义而富且贵，于我如浮云。"

视富贵如浮云，视万贯如瓦罐，这不是狭隘之辈所能做到的。波澜壮阔的人生，需要丰厚的底蕴来支撑，这底蕴就是胸怀天下的气度、兼济众生的智慧。孟子赞美伊尹说："非其义也，非其道也，禄之以天下弗顾也，系马千驷弗视也。非其义也，非其道也，一介不以与人，一介不以取诸人。"这说明，有什么样的心胸，就有什么样的人生格局。

一六、风月花柳，人世繁华

无风月花柳①不成造化②，无情欲嗜好不成心体③。只以我转物④，不以物役我⑤，则嗜欲莫非天机，尘情即是理境矣。

注释

①风月花柳：指游乐场所。②造化：大千世界。③心体：有血有肉的躯体。④以我转物：以我为中心，将外物自由运用。⑤以物役我：以物为中心，我为物所劳役。役，差遣、驱使。

译文

没有清风明月花草树木，大自然就不完美；没有感情欲望生活嗜好，就不成其为人。由我主宰万物，而不让万物来驱使我，那么嗜好情欲无不是自然的机趣，一切世俗情欲也就成了理想的境界。

点评

大千世界，纷繁无边。天地有花草树木，人身有七情六欲。作者融儒释道三家思想于一身，他说"无风月花柳不成造化，无情欲嗜好不成心体"，是说人在合情合理的情况下，可以适当满足欲望，这并不同于佛家的"六根清净，四大皆空"。但在日常生活中，人的内心要有一种道德的力量来主宰人的情和欲，才不会被无尽的诱惑吞没，做事才会有礼有节而不失法度。跌入欲望的海洋而不能超然，只能沉沦其中不能自拔。

一一七、就身了身，归还天下

就一身①了②一身者，方能以万物付③万物；还天下于天下者，方能出世间④于世间。

注释

①一身：自身。②了：明了。③付：托付。④出世间：超脱世间。

译文

通过自身了解自身的人，能使万物顺其自然各尽其用；将天下交给天下的人，能使自己身在世俗而超越世俗。

点评

佛家主张遁世修行，认为世事无常，由烦恼与劳苦交织，不能及时跳出就得不到安乐。世间一切皆由心生，亦由心灭。修行之地，并不拘泥于红尘之外的深山老林，亦可在尘世之中。事情不能了结，大多是因为心中还有眷恋，如能除去这层魔障，就没有什么放不下。纷扰的尘世，容易让人迷失，只有宁静淡泊，不起贪慕爱恋之心，才能不坠红尘，掌握生命的方向。

一一八、身心之忧，风月之趣

人生太闲则别念①窃生，太忙则真性②不现。故士君子不可不抱身心之忧，亦不可不耽风月之趣。

注释

①别念：邪念、杂念。②真性：纯真的本性。

译文

人生太闲散，就会杂念丛生；人生太忙碌，纯真的本性就不显露。所以，有学识的君子不可以使身心过于疲倦，也不可不懂吟风弄月的乐趣。

点评

俗话说"生于忧患,死于安乐",人生漫漫,总要找一点趣味,方不至于太沉闷。寂寞无聊是一种折磨,若是整天无所事事,那种闲逸的生活会消磨人的意志,甚至使人沉沦变坏。当然,人生也不可太劳碌,否则就是做奴隶牛马,难以体验生命的可贵,失去了应有的乐趣。这种"不可太闲,不可太忙"的生活原则,合乎儒家的中庸之道。总之,人生没有追求不行,太忙碌也不行,要劳逸结合,才是成功的人生。

一九、一念不生,处处真境

人心多从动处失真,若一念不生,澄然①静坐,云兴而悠然共逝,雨滴而冷然俱清,鸟啼而欣然有会,花落而潇然②自得。何地非真境,何物无真机③?

注释

①澄然:指心无杂念。②潇然:豁达开朗。③真机:玄妙之理。

译文

心往往是因为浮动才失去纯真。如果一点妄念也不产生,心灵澄澈而静坐,随着浮云消逝天边,清冷的雨滴洗净心中尘埃,因鸟啼而领会自然奥妙,随落花缤纷而潇洒自得。那么人间何处不是仙境?什么事物没有玄机?

点评

人的心性本是自由自在不受拘束的,不论凡夫俗子,还是圣贤隐者都是相同的。只是因为嗜欲浮躁,一念之差而丧失了纯真,说来令人痛惜。若是心中无杂念,尘埃皆不泛起,宛如池水澄澈。心之奥妙,也能显现作用。天边浮云流动,令人思绪悠然离尘出俗。窗外雨声淅沥,令人万念俱静心田清明。可见一朵云、几滴雨、数片落叶,再加声声鸟啼,都含无限佳趣。总之,人间到处皆可赏心悦目怡情养性,关键在于是否能够领悟。

一二〇、顺逆一视,欣戚两忘

子生而母危,镪①积而盗窥,何喜非忧也?贫可以节用,病可以保身,何忧非喜也?故达人当顺逆一视,而欣戚②两忘。

注释

①镪:成串的钱,指金银。②欣戚:欢喜和哀戚。

译文

孩子出生,母亲面临危险;财富渐多,招致盗贼窥视,怎能说是喜不是忧呢?贫穷使人留心节俭,患病使人注意养生,怎能说是忧虑不是喜事呢?豁达的人对于逆顺一视同仁,对于悲喜同时忘却。

点评

硬币有正有反,事情有好有坏。生孩子是好事,可以延续后代繁衍子孙,但也会有危险。积蓄金钱是好事,可以充实资本以备急需,但容易引来盗贼觊觎。可见,世间任何事都有两面性,不要只看一面,而忽视另一面。塞翁失马的故事,最能体现"祸福无常,利弊相随"的社会现象。对于个人来说,要有长远的眼光,看问题要全面,多角度判断事物的发展方向,而不能局限于眼前的利益得失。

一二一、空谷回响,池中月色

耳根①似飙谷②投响,过而不留,则是非俱谢;心境如月池浸色③,空而不著,则物我两忘。

注释

①耳根:佛家语,佛家以眼、耳、鼻、舌、身、意为六根,耳根为六根之一。②飙谷:大风吹过山谷。③月池浸色:月亮在水中倒映的景色。

译文

耳根若像狂风吹过山谷的回响,过后不留,是非就会消失无踪;心境若像月光倒映水中的景色，不着痕迹，就能物我两忘。

点评

人们常说"相由心生，相随心灭"，可见所谓烦恼皆是自招。尽管苦乐祸福不由人的主观意志所决定，人却可以像"山谷回响、池中月色"那样境过不留，开释烦恼。佛教说"六根清净"，不仅指耳不听恶声，心不想恶事，眼、鼻、舌、身也要不留痕迹。物我两忘，相对关系不存在，绝对境界就出现。"风来疏竹，风过而竹不留声；雁渡寒潭，雁过而潭不留影"，其理相同。心灵的苦乐皆由五官感触而生，感官清净心灵也随之空明。"耳根似飙谷投音，只是心境如月池浸色"，要想提高境界，必须抵制诱惑，随缘而聚，随遇而安，做到"六根清净，四大皆空"。拿得起，放得下，看得破，什么烦恼能扰心呢？

一二二、尘世苦海，要能超脱

世人为荣利缠缚，动曰："尘世苦海。"不知云白山青，川行石立①，花迎鸟笑，谷答樵讴②，世亦不尘，海亦不苦，彼自尘苦其心尔。

注释

①川行石立：河水不停奔流，岩石傲然屹立。川，河川。②谷答樵讴：指樵夫边砍柴边唱歌。谷答，山谷回音。讴，唱。

译文

人们受到功名利禄的束缚，动辄说："红尘世间就像苦海。"却不知白云逍遥山色青翠，流水不断山石林立，鲜花伴着鸟儿啁啾，山谷回响樵夫歌声，都是人间景色。若能彻悟人

生，世上既非俗地，人间也非苦海，说人生是苦海，不过是自落凡俗罢了。

点评

尘世可为仙境，苦海可成乐园。只要摆脱名缰利锁的缠绕束缚，人间处处就是天堂。所以，世间本无苦乐可言，苦乐不过由心而生。万物相生相杀，不过是自然规律的调节。因为私欲太多，人们追逐功名利禄，有了荣辱观念。好名之人必为虚名所苦，重利之人必为贪利所困。好名重利是人性中最为脆弱的一环，作者在此告诫世人，千万不要太汲汲于名利，以免作茧自缚，不得超脱。

一二三、持盈履满，宜慎思之

花看半开，酒饮微醉，此中大有佳趣。若至烂漫酕醄①，便成恶境矣。履盈满者②宜思之。

注释

①酕醄：大醉。②履盈满者：指富贵显达之辈。

译文

赏花要半开，饮酒要微醉，其中大有趣味。若要等到花开烂漫、酒醉如泥的程度，就要进入糟糕的恶境了。那些事业到了巅峰的显达之辈，应该深思这些哲理。

点评

"天道忌盈，人事惧满"，所以中国人讲究适可而止。传统文化中儒家的基本思想是中庸之道，这也是我们几千年来的处世哲学。月盈则亏，花开则谢，虽然出于天理循环，实际也是盈亏之道。俗话说"得意无忘失意时，上台无忘下台时"，一个人春风得意、享受荣华富贵的时候，一定要心中有数，多做好事多积阴德，以免失势的时候有人落井下石，官司缠身。只有用"如临深渊，如履薄冰"的态度来待人接物，才能持盈保泰，永享幸福。《易经》中有"否极泰来，物极必反"的话，假如喝酒喝到烂醉，就会使买醉变成受罪。

一二四、清水芙蓉，浑然天成

山肴①不受世间灌溉，野禽不受世间豢养②，其味皆香而且洌。吾人能不为世法③所点染，其臭味不迥然④别乎！

▶ 注释

①山肴：山间野味。肴，泛指荤菜。②豢养：饲养。③世法：指世间功名利禄。④迥然：形容差得很远。

▶ 译文

山间的植物不必灌溉施肥，野外的鸟兽不用人工饲养，它们的味道却甘美可口。我们如果不受功名利禄的污染，品性气质自然清纯，迥然于充满铜臭之味的俗人。

▶ 点评

"山珍海味"多指美味佳肴。人猎杀野物，或为了肉食，或为了皮毛。野外之物生长于天然，营养丰富，味道鲜美。可见，人工远不如天然之趣。物贵天然，人贵自然，做人也是如此。如果不受功名利禄的迷惑，不落入陈规陋习的圈套，自能保持纯洁的心灵，拥有清新飘逸的气质，这与追名逐利之徒的气焰熏天，可谓迥然有异。

一二五、怡然自得，不在物华

栽花种竹，玩鹤观鱼，亦要有段自得处。若徒留连光景，玩弄物华①，亦吾儒之口耳②，释氏之顽空③而已，有何佳趣？

▶ 注释

①物华：自然景色。②口耳：口耳传听，指道听途说的肤浅之学。③顽空：佛家语，指自身修行不知救世、无知无觉无思无为的虚无境界。有逃避现实冥顽不化的意味。

▶ 译文

栽种花草竹木，喂养鸟鹤虫鱼，也要懂得悠闲自得的趣味。如果只是留恋景色，玩赏表面风情，只是儒家所说的口耳学问，佛家所说的冥顽不灵，有何乐趣可言呢？

点评

有些人虽然也学佛谈禅,却并没有领悟真空妙有的佛理,只抱着万物皆空的观念。而实际上的空,并不只是虚无,而是"空即是有,有即是空",可见空也是活动的。所以,那些似是而非的虚无,就像顽石和枯木一样毫无生气,没有丝毫闲情逸趣在内。至于平日栽种花竹和玩赏鸟鱼,是用来调节身心、愉悦心情、颐养精神的休闲活动,即是君子所为之事,也是君子所乐之物。由于君子能领悟其中的超逸情趣,心中就会怡然自得,从而领悟到一番闲情逸趣。反之,有些人附庸风雅,只是追求形式沉迷于浮华,结果变成肤浅的"顽空"。可见,无论谈禅说法,没有切实的精神实质,高深的品德修养,毫无雅趣可言。

一二六、隐于不义,生不若死

山林之士①,清苦而逸趣自饶②;农野之人,鄙略③而天真浑具。若一失身市井驵侩④,不若转死沟壑神骨⑤犹清。

注释

①山林之士:隐居山野的人。②饶:丰富。③鄙略:鄙陋粗略。④驵侩:经纪人,市侩。⑤神骨:神韵和风骨,指灵魂和躯体。

译文

隐居山野的高人,虽然清苦却享有闲适情趣;田间村头的农夫,虽然鄙俗却淳朴自然。如果一不小心成为市井中的买卖人,还不如死在沟壑保全精神和肉体的清纯。

点评

古人重义而轻利,认为生活可以清贫,却不能不讲名节。中国历史上出现过很多忠臣义士,如抗元名将文天祥,他们当处于国破家亡惨变时,宁肯为国尽忠以殉死,也不愿失节投降以求生,这就是孔孟所说"杀身成仁,舍生取义"。这种大无畏的精神,精忠报国的气节,是中华民族的精华。所以,一个人若能保全名节而死,连枯骨都显得特别干净。

"人生自古谁无死,留取丹心照汗青",当文天祥被元兵俘虏后,他至死不屈,并在狱中作《正气歌》来抒发浩然正气，殉国时留下《衣带赞》："孔曰成仁，孟曰取义。唯其义尽，所以仁至。读圣贤书，所学何事？而今而后，可以无愧。"这些说明了一点，就是"陷于不义，生不若死"，因此宁肯舍生取义来保全名声。

一二七、着眼要高，不落圈套

非分①之福，无故之获，非造物②之钓饵，即人世之机阱③。此处着眼不高，鲜不堕彼术中④矣。

▎注释 ▎

①非分：本分之外。②造物：天地自然。③机阱：设有机关的陷阱。④术中：阴谋诡计之中。

▎译文 ▎

不是分内应享的福气，无缘无故得来的收获，这两者不是上天安排的诱饵，就是他人设下的陷阱。这时如果没有远大的眼光，很少有人不落入圈套之中的。

▎点评 ▎

有时候，世间也如同野外，处处遍布陷阱。"人为财死，鸟为食亡"，"人见利而不见害，鱼见食而不见钩"，这是说明人性的贪婪。"天欲祸之，必先福之"，意外的收获，常是灾祸的根源。诈骗财物的奸人，手段并不高明，却能屡屡得逞，就是利用人们贪财的弱点，这跟鱼儿贪食上钩是一样的。

世上没有免费的午餐，天上不会掉馅饼，不经劳作就没有收获。面对飞来的横财，一定要仔细想想，除非骨肉至亲，谁会无缘把财物赠送？决不可因为贪小利而招惹大损失。苏洵《辩奸论》说："凡事之不近人情者，鲜不为大奸慝。"其实，防范奸人的办法很简单，只要抱定"非分之财不取"的原则，诱饵再香再甜也起不了作用。

一二八、人生一世,需要超越

人生原是一傀儡①,只要根蒂在手,一线不乱,卷舒自由,行止在我,一毫不受他人提掇②,便超出此场中矣!

注释

①傀儡:土偶、木偶,也指受人操纵的木偶戏。②提掇:提起,控制。

译文

人生本是一场傀儡戏,只要能牵动木偶的线索,一点也不紊乱,就能收放自如,行止在我,一点不受他人牵制,就可以超脱这场游戏了。

点评

人生如戏,戏如人生。人生需要有超越自我的精神,个体的愚昧,内心的暗弱,乃至世俗的束缚,环境的压抑,等等。要想把握自己的人生,就要亲手抓住命运的缰绳。想扮演什么样的角色,就努力去实现。不断认识自己,了解环境,掌握为人处世的方法,就可以进退自如,按照设想规划人生。同时,要冷静观察他人,小心对待不可轻信,自然也不会被人控制。

一二九、得失相随,利弊相间

一事起则一害生,故天下常以无事为福。读前人①诗云:"劝君莫话封侯事,一将功成万骨枯。"又云:"天下常令万事平,匣中不惜千年死。"虽有雄心猛志,不觉化为冰霰②矣。

注释

①前人:指唐代诗人曹松。②冰霰:雪珠。

译文

有事情发生,就有弊病出现,因此天下人皆以无事为福。前人诗句说:"劝君莫话封侯事,一将功成万骨枯。"又说:"天下常令万事平,匣中不惜千年死。"看了这样的诗句，虽有万丈雄心，也不免化为冰雪消融。

点评

任何事物都有好坏两个方面，所以有"得失相随，利弊相间"的俗话。"有一得必有一失，有一利就有一弊"，天下事总是利弊相随，这是不足为怪的常态。利弊得失是相互转化的，今天的强盛也许就是明天的衰败。"太平本是将军致，不许将军看太平"，将军立功虽然在战场，天下太平将军就无用武之地。三十年风水轮流转，人间万事皆在不断循环运作，要战场的功名就要牺牲太平的光景。看清了这种事物之间的轮回更替，自然会打消以前的雄心壮志。

一三〇、清净之门，淫邪渊薮

淫奔①之妇矫②而为尼，热中③之人激而入道，清净之门，常为淫邪之渊薮④也如此。

注释

①淫奔：私奔。②矫：假装。③热中：追逐功名利禄。④渊薮：聚集之处。

译文

不守节操的荡妇，伪装着要去削发为尼；追逐功名利禄的人，意气用事而披发入道，本应远离红尘的清静之地，往往成为藏污纳垢之所。

点评

盛名之下，其实难副。世间"挂羊头卖狗肉"的例子实在数不胜数。行善的场所可能成为罪恶的避难地。很多时候，不守节操的妇女，可能为了放纵私欲或其他原因，甘愿出家为尼。比如，武则天在特定的历史背景下，就借机出家而谋求更大的发展。历代文臣武将，甚至皇帝出家的人也不在少数，但是极少怀有修道之心，而是出于一时的矫情和愤激，根本不是看破红尘。现实生活中也有某些"僧人"，假借行善的外衣，而到处招摇撞骗。这种人有很大的欺骗性，人们只看到了"善"的表面，却没有看透"恶"的本质。

一三一、身在事中，心超事外

波浪兼天①，舟中不知惧，而舟外者寒心②；猖狂骂坐，席上不知警，而席外者咋舌③。故君子身虽在事中，心要超事外也。

注释

①兼天：滔天。②寒心：担心。③咋舌：惊吓。

译文

波浪滔天，坐在船里的人不害怕，船外的人却感到恐惧；酒席上猖狂谩骂，席上的人不知警惕，席外的人胆战心惊。君子即使琐事缠身，也要超然于事情之外。

点评

俗话说"当局者迷，旁观者清"，是说当事人由于沉溺其中，反而看不清实际情况。"波浪滔天，舟中不知惧"和"猖狂骂坐，席上不知警"，就是这样的例子。"舟中不知惧"，亦是出于从众心理。人是群体性的动物，在特定的场合容易受到刺激，以致胆大妄为视死如归，这时假如有人煽风点火，往往造成不可收拾的乱局。当今社会一些较大的群体事件，在场的人会受到感染，而不知道事态严重。事过境迁后，回想当时情况，才为自己捏一把汗。所以，做事情时若能存一分冷静，跳出固定的窠臼来看，就能看清事物的发展方向，不为形势所左右。

一三二、减省一分，超脱一分

人生减省一分，便超脱①一分。如交游②减，便免纷扰；言语减，便寡愆尤③；思虑减，则精神不耗；聪明减，则混沌④完。彼不求日减而求日增者，真桎梏⑤此生哉！

注释

①超脱：超然物外。②交游：交往。③愆尤：过失。④混沌：指天地开辟前的原始状态，这里指人的本性。⑤桎梏：古代用来捆绑罪犯的刑具，引申为束缚。

▎译文 ▎

　　人生若能减少一件事，便能超脱一分情。减少与人的交往应酬，就能减少争执纷扰；减少言语交谈，就能减少过失责难；减少操心忧虑，就能不耗精神；减少小聪明，就能保持淳朴自然的本性。那些不求每天减少却希望增加的人，实在是束缚自己的生命！

▎点评 ▎

　　很多时候，人生不是要用"加法"，而是要用"减法"。老子对待人生，主张"损之又损"，也是这个道理。所谓"人生减省一分，便超脱一分"，相当于"多一事不如少一事"。人的耳目见闻，往往产生很多欲念，有了欲念就会丧失纯真。聪明固然是造物者的一大恩赐，若是聪明过度，反会误了自己生命。少交往应酬，自然少争执纷扰；少言语交谈，自然少过失；少操心忧虑，自然不耗精神；不要小聪明，就能拥有大智慧。

一三三、寒暑易避，炎凉难除

　　天运①之寒暑易避，人生之炎凉②难除；人世之炎凉易除，吾心之冰炭③难去。去得此中之冰炭，则满腔皆和气④，自随地有春风矣。

▎注释 ▎

　　①天运：天地运行，四季交替。②炎凉：以气候无常比喻人情冷暖。③冰炭：冰块和炭火，时冷时热，这里指性质相反，难以相容。④和气：祥和之气。和气由阴阳二气交合而成。

▎译文 ▎

　　天地间的寒冷和暑热易于躲避，人世间的冷暖炎凉却难以消除；人世间的冷暖炎凉即使容易消除，而内心水火不容的杂念却难以消除。若能去除内心水火不容的杂念，心中就会充满祥和之气，自然到处都会春风荡漾。

点评

大自然有寒冬也有炎夏,这是客观存在的。人生有苦也有乐,但这苦乐是主观的,即不在于天气怎样冷暖,也不在于世态如何炎凉,完全可由自己的内心决定。只要去除了私念和杂欲,就可以充满祥和之气,处处春风荡漾。俗话说"冤家宜解不宜结",因为心中的怨恨大多是自己种下的。假如襟怀旷达,能够忘怀得失,冷暖炎凉自然不值一提。如果什么事都耿耿于怀,斤斤计较,那么轻松的人际关系也会变得紧张起来。

一三四、茶不求精,酒不求冽

茶不求精而壶也不燥,酒不求冽而樽亦不空。素琴①无弦而常调,短笛无腔而自适。纵难超越羲皇②,亦可匹俦③嵇阮④。

注释

①素琴:不加装饰的琴。②羲皇:传说时代的部落首领,即伏羲,三皇之一。③匹俦:比得上。④嵇阮:嵇康和阮籍。魏晋时人,同列"竹林七贤",二人均好饮酒,豪放不羁,崇尚老子的无为学说。

译文

喝茶不一定要名茶,茶壶不干就可以了;喝酒不一定要美酒,酒杯不空就可以了。无弦之琴虽然弹不出音律,却能使身心愉悦;无孔短笛虽然吹不出音调,却能令心情舒畅。

纵然比不上伏羲那样清静无为，也可以和嵇康阮籍的恬淡逍遥相匹敌。

点评

喝茶、饮酒、弹琴、吹笛，不过是一种外在形式，其中的真趣属于精神上的感受。只要有茶可品，有酒可醉，就拥有了闲适自得的情怀，人生的境界也会得到提升。晋代陶渊明是旷达雅士，自称羲皇上人，北窗高卧，和风吹拂，抚无弦琴，是何等逍遥。羲皇，即伏羲，传说中的三皇之一。可见，这样的境界不是一般人所能达到的，必须要有高深的修养。嵇康和阮籍是竹林七贤的成员，他们放荡不羁，行止自如，冷眼旁观豪门权贵，自然不将世俗放在眼里。

一三五、万事随缘，坚守本位

释氏随缘①，吾儒素位②，四字是渡海的浮囊。盖世路茫茫③，一念求全，则万绪纷起；随遇而安，则无入不得矣。

注释

①随缘：佛教认为，外界事物引发的内心感触，叫缘。应缘而起，叫随缘。②素位：分内的事。③世路茫茫：人世间的道路，遥远渺茫。

▶ 译文 ◀

佛家讲求万事随缘,儒家主张谨守本分,随缘素位这四字是渡过人生苦海的帆船。人生路浩渺无边,若有求全求美的念头,万般思绪就会纷纷而起。能够顺其自然,在哪里都可以安身立命。

▶ 点评 ◀

佛家主张万事随缘,认为世间一切,皆是"因缘生,因缘灭",乃至人的贵贱、吉凶、祸福也是因缘而定。这里的"随缘",其实是听其自然,凡事遵循事物的发展规律而行。若是仅凭主观努力一意孤行,甚至倒行逆施,是无论如何也难以达成意愿的。

儒家主张"素位",就是要满足现实,知足常乐。《礼记》说"君子素其本位而行,不愿乎其外",是说君子坚守本位而不贪恋权势。这和我们常说的"做人要本分"、"男人本色",其实是一个道理。清楚自己的位置,不痴心妄想,这和佛家"万事皆缘,随遇而安"的道理是相通的。安于现实的人,虽然缺乏创造性,却能快乐度过一生。反之,不满现实的人,整天牢骚满腹愤世嫉俗,不仅是庸人自扰,还会危害社会。所以,顺应机缘是解脱烦恼的好办法,随遇而安是避免纷争的好理由。

附录

《菜根谭》序

　　逐客孤踪，屏居蓬舍。乐与方以内人游，不乐与方以外人游也。妄与二三小子浪迹于云山变幻之麓也。日与渔父、田夫朗吟唱和于五湖之滨、绿野之坳，不日与竞刀锥、荣升斗者交臂抒情于冷热之场、腥膻之窟也。间有习濂、洛之说者牧之，习竺、乾之业者辟之，为谭天、雕龙之辩者远之，此足以毕予山中会俩矣。

　　适有友人洪自诚者，持《菜根谭》示予，且丐予序，予始视之耳。既而毛几上之陈编，屏胸中杂虑，手读之则觉：其谭性命直入玄微，道人情曲尽岩险。俯仰天地，见胸次之夷犹；尘芥功名，知识趣之高远。笔底陶铸，无非绿树青山；口吻化工，尽是鸢飞鱼跃。此其自得何如，固未能深信，百据所擒词，悉砭世醒空之吃紧，非入耳出口之浮华也。

　　谭以"菜根"名，固自清苦历练中来，亦自栽培灌溉里得，其颠风波，备尝险阴可想矣。洪子曰："天劳我以形，吾逸吾心以补天；天厄我以遇，吾高吾道以通之。"其所自警自力者，又可思张。由是以数语弁之，俾公诸葛亮人人知菜根中有真味也。

　　注：此序为洪自诚好友于孔兼所作。于氏明金坛人，字元时，万历年间进士，官至礼部仪制郎中。后因直言极谏而遭贬迁。晚年自号"三峰主人"。罢官田里后隐居二十年。